Jürgen Becker/Anke Kuhbier

# Die schönsten Rosen

Ellert & Richter Verlag

# Inhalt

# *Die Rose in der Geschichte*

In der zarten Wiedergabe einer Rose mit ihren weichen, von Tautropfen benetzten Blütenblättern wird die große Liebe zu dieser Blume deutlich. Die holländische Malerin Rachel Ruysch (1664–1750) bringt mit ihrem Stilleben „Rosenzweig mit Käfer und Biene“ auf sehr feine Art die immerwährende Zuneigung der Menschen zur Rose zum Ausdruck.

„Auge aller Blumen, Zierde der Erde", so besang vor 2600 Jahren die griechische Dichterin Sappho die Rose. Immer – noch weit vor dieser Zeit und bis heute – haben Rosen die Menschen während ihrer Entwicklungs- und Kulturgeschichte begleitet. Abbildungen aus der Jungsteinzeit lassen vermuten, daß schon damals die zarten duftenden Blüten eine große Wirkung auf unsere Vorfahren ausgeübt haben. Zwar schwankte die Beliebtheit der Rose im Laufe der Jahrtausende, sie war aber immer präsent und hat durch die Menschen eine unvergleichliche Entwicklung erfahren. Rosenliebhaber sind uns seit 3000 v. Chr. bekannt; König Sargon von Ur soll Rosen von seinen Feldzügen mitgebracht haben, und die ägyptische Königin Hatschepsuth aus der XVIII. Dynastie ließ sich mit Schiffen Rosen aus Punt schicken, um ihren Palast zu schmücken.

Auf der Insel Kreta befindet sich eine Wandmalerei aus dem 15. Jahrhundert v. Chr., auf dem eine Rose zu sehen ist. Es ist die früheste uns bekannte Abbildung einer Rose in Europa. Die kostbaren Sträucher wurden in Terrakottatöpfen gezogen und mit einer künstlichen Bewässerung versehen; rosenverziert soll der Schild des Achilles gewesen sein. Und weil Epikur, der Philosoph der Lebensfreude, täglich frische Rosen um sich haben wollte, legte er in Athen einen Stadtgarten an. Der Name der Insel Rhodos bedeutet „Rose", und die griechische Dichterin Sappho läßt 600 v. Chr. Jupiter die Königin der Blumen wählen: Es ist eine Rose.

Rosen in Töpfen säumen das Wasserbecken eines maurischen Gartens; auch zwischen den Zypressen ranken kleinblütige Rosensträucher. So verbindet sich wohltuender Schatten mit der Kühle des Wassers und dem Duft der Blumen.

## *Der Ursprung in Zentralasien*

Die Herkunft der Rose ist nicht eindeutig geklärt, aber es wird vermutet, daß sie in Zentralasien ihren Ursprung hat. Das erklärt vielleicht, warum in Persien das Wort „gul" nicht nur „Rose", sondern überhaupt „Blume" bedeutete, und der Rosenanbau und die Rosenzüchtung in Japan, China, Kaschmir, Persien und dem Syrischen Reich auf eine so lange Geschichte zurückblicken können. Das klassische Prinzip eines Islamischen Gartens ist durch die Mauren bis nach Spanien getragen worden und kann dort in Cordoba und in Granada in der Alhambra immer noch bewundert werden: Schmale Wasserbecken, schattenspendende Bäume, duftende Sträucher wie Jasmin, Myrte, Lorbeer, Rosmarin und Rosen prägen das Bild.

Die Perser und Medeer verehrten die *Rosa gallica* als heilig, und in Äthiopien wurde eine Art Damaszenerrose in den christlichen Gebieten der Provinz Tigre angebaut, die „heilige Rose“ oder *Rosa sancta* genannt wurde – heute identifiziert man sie als *Rosa* x *richardii*, aber in manchen Katalogen wird sie auch als *Rosa sancta* angeboten. Der Archäologe Sir Flinders Petrie fand einen Kranz aus diesen Rosen in einem Grabmal bei Fajum in Ägypten, das ungefähr aus dem 2. Jahrhundert n. Chr. stammt. Einen ähnlichen Kranz aus Rosenblättern ziert, als Zeichen ewiger Jugend, auch den Kopf eines jungen Mannes auf einem Mumienportrait aus Er Rubayat aus dem 3. Jahrhundert n. Chr.

*Römischer Rosenkult*

Überhaupt bildete Ägypten den Ausgangspunkt für eine Steigerung des Rosenkultes, der dann in Rom unglaubliche Ausmaße annahm. Kleopatra empfing Mark Anton in einem Zimmer, dessen Boden mit Rosen bestreut und dessen Kissen auf den Bänken mit Rosen ausgestopft waren. Sogar einen See ließ sie zur Verzierung mit Rosenblättern bedecken. Auf Neros Gäste regneten Rosen nieder, und einer seiner Freunde soll 600 000 Denar für die Rosendekoration eines einzigen Festes ausgegeben haben. Teure römische Rosenkränze bestanden aus aufgefädelten Rosenblättern und wurden als Orden für kriegerische Heldentaten vergeben, später verloren sie jedoch dieses Privileg, ein jeder trug sie, und man konnte sie vorgefertigt auf dem Markt kaufen.

Horaz klagte, daß die fruchtbaren Äcker Italiens sich in Rosenfelder verwandelten, daß die Bauern die Olivenbäume ausrissen und keinen Weizen mehr säten, sondern statt dessen schnellen Reichtum durch den Verkauf von Rosen suchten. Der lateinische Schriftsteller Columella beschreibt in seiner „De re rustica“ die Einrichtung kommerzieller Rosengärten. Dabei scheint seine Methode, eine Rosenhecke anzulegen, außerordentlich praktisch gewesen zu sein: Die Samen vermischte man mit Lehm und etwas Wasser und schmierte sie auf ein altes Tau – das kam dann zum Trocknen auf den Boden, und wenn der Winter fast vorbei war, entrollte man die Taue und legte sie in Furchen, bedeckte sie mit wenig Erde, und in Kürze sprossen

Anna Maria Sybilla Merian (1647–1717) betitelte diesen Kupferstich „Weiße wilde Rose“, deren Anmut trotz tausendfacher Züchtungen in den nachfolgenden drei Jahrhunderten kaum zu überbieten ist.

die kleinen Pflanzen. Dieses Verfahren soll noch während der Tudor-Ära im 16. Jahrhundert in England angewandt worden sein.

Zu Zeiten Kaiser Domitians (81–96 n. Chr.) wurden die öffentlichen Bäder mit Rosenwasser gefüllt, und betäubender Rosenduft erfüllte die Straßen Roms. Natürlich wollte man auch im Winter nicht auf Rosen verzichten, und es landeten Schiffsladungen mit den Blumen aus Alexandrien und Neu-Karthago an. Um Rom herum entstanden Treibhäuser, die mit Marienglas gedeckt waren und durch Warmwasserröhren beheizt wurden, damit Rosen und Lilien im Dezember blühten. Eine andere Methode bestand in dem Ausheben eines Grabens um die Pflanzen herum, in den zweimal täglich warmes Wasser gegossen wurde.

Eine *Rosa gallica* gehörte zu den ersten, uns mit Namen überlieferten Rosen. Ihr starker Duft und das außerordentliche Pink der einfachen Blüte betören uns noch heute.

### *Erste Namensgebung*

Bei diesen Auswüchsen dürfen die Ernsthaftigkeit römischer Naturforscher oder die Kunst der Gärtner, zu dieser Zeit einen Rosengarten zu gestalten, nicht in Vergessenheit geraten. Plinius der Ältere (um 23–79 n. Chr.) listet bereits zwölf verschiedene Rosenarten auf, unter anderem die Rose von Prenest, die Rose von Milet sowie die Rose von Karthago. Er ist es auch, der die Vermutung aufstellt, daß England wegen seiner vielen weißen Rosen Albion (albus bedeutet weiß) genannt würde. In seiner „Naturalis Historia" benennt er die *Rosa damascena, Rosa gallica, Rosa centifolia* und die berühmte Rose von Paestum *Rosa bifera*. Plinius der Jüngere (um 62–ca. 113 n. Chr.) beschreibt seinen eigenen Garten liebevoll: „Im hellen Sonnenschein wachsen Rosen ... Es gibt Rasenflächen, in die runde, lange und gewellte, mit Buchs eingefaßte Blumenbeete eingelassen sind. Buchs ist in Figuren geschnitten, und zwischen ihnen sprudeln Fontänen." Die Rose war aber auch die Blume der Toten. Gräber wurden mit ihr geschmückt, und mancher reiche Römer bestimmte testamentarisch den Rosenschmuck für sein Grab. Der Dichter Properz (um 50–ca. 16 v. Chr.) schrieb: „Wenn jemand meine Gebeine in zarte Rosenblätter legte, würde mir die Erde leicht werden."

## *Orientalische Pracht und Üppigkeit*

Sehr viel üppiger ging es im Orient zu. So soll es um 810 zu den Abgabepflichten der Provinz Farsistan gehört haben, jährlich 300 000 Flaschen Rosenwasser an den Hofkassierer in Bagdad abzuliefern. Dort selbst gab es prächtige Gärten, in denen natürlich Rosen, aber auch Nelken, Veilchen, Lilien und Anemonen blühten. In einem anderen Dokument wird die Zusammenstellung hellroter Rosen mit dunkelroten Anemonen besonders gerühmt. Als Sultan Saladin im Jahr 1187 Jerusalem eroberte, schickte er 500 mit Rosenwasser beladene Kamele in die Stadt, um die Omar-Moschee damit reinigen zu lassen. Denn der Islam betrachtete die Rose als heilig, und neugeborene Kinder wurden deshalb in Rosenblätter gebettet. Später nahm man rosaroten Batist dafür; noch 1750 importierten Ägypten und die Türkei zu diesem Zweck ballenweise diesen Stoff.

## *Der Anfang der Rosengärten*

Während im Osten die Gartenkultur weiter gepflegt wurde, rotteten die Germanen dieses römische Erbe mit Stumpf und Stiel aus. Entlang der alten Römerstraßen jedoch wuchsen – und man findet sie immer noch – verschiedene Arten von Wildrosen, die nirgendwo sonst vorkommen und wahrscheinlich aus früheren Römergärten stammen.

Wohlbehütet hingegen verbreiteten sich u. a. die *Rosa alba, Rosa gallica* und *Rosa pimpinellifolia* durch die unzähligen Benediktinerklöster in Europa. Und der Dichter Fortunatus berichtet 560 n. Chr. in seinem Gedicht „De Horto Ultrogothonis“, daß der salische König Childerich 100 Jahre zuvor seiner Gattin einen Rosengarten angelegt habe und bei Festmahlen Rosen auf die Tische gestreut wurden.

Karl der Große empfahl im Jahre 800 in dem *Capitulare de Villis*, einer Verwaltungsanordnung für seine Krongüter, bestimmte Pflanzen, die in einem Garten zu wachsen hätten. Dazu gehörten auch Rosen. Man nimmt an, daß es sich um die *Rosa gallica* 'Officinalis' und die *Rosa alba* handelte; wegen ihres Nutzens, ihrer religiösen Bedeutung, aber ohne jeden Zweifel auch wegen ihrer Schönheit. Denn in einem anderen

Die Große Pimpinelle oder Bibernelle *(Pimpinella major)* war im Mittelalter eine beliebte doldenblütige Gemüsepflanze, sie gab der *Rosa pimpinellifolia* mit ihren üppigen Dolden aus vielen kleinen Blüten ihren Namen. Bei uns wird sie auch Bibernellrose genannt.

schriftlichen Dokument des frühen Mittelalters schwärmt der Mönch Strabo in seinem Gedicht „Hortulus“ (Gärtchen) von der Rose als der „Königin der Blumen“. Und so werden in manchem „umslozzenen“ Garten – dem *hortus conclusus* der damaligen Zeit – neben Nutz- und Heilpflanzen auch Rosen geblüht und ihren Gärtnern Freude bereitet haben.

Die Liebe und rote Rosen sind über die Jahrhunderte zu einem unzertrennlichen Begriffspaar geworden. Dieses Herz, gefüllt mit Rosenknospen, ist eine überwältigende Botschaft.

## *Zeichen der Liebe*

Im hohen Mittelalter sind es zwei bemerkenswerte Umstände, die für die Geschichte der Rose von größerer Bedeutung sind. Zum einen wird in Frankreich im 13. Jahrhundert der „Roman de la Rose“ geschrieben, die berühmteste Liebesgeschichte dieser Zeit. In ihm wird die Veränderung des umschlossenen Nutzgartens zum Ort vielfältiger Vergnügungen ganz deutlich, und die Rose erhält ihre abendländische Sinnhaftigkeit, nämlich Zeichen der Liebe und des wahren Gefühls zu sein. Und zum anderen brachten verschiedene Kreuzritter Rosen aus dem Vorderen Orient mit, was zu allerlei romantischen Geschichten Anlaß bot. Obwohl es die *Rosa damascena* zu dieser Zeit schon in Unteritalien gab, wird dem Grafen Brie zugeschrieben, sie in seinem Kriegsgepäck mitgeführt zu haben. Auch Graf Thibaut hatte eine Art *Rosa damascena* auf seinem Kreuzzug entdeckt. Er kultivierte sie im Garten seines Schlosses bei dem Ort Provins in der Champagne, und sie wurde seitdem Provinsrose genannt.

Sicher ist, daß Albertus Magnus (1193–1280), der große Philosoph und Naturforscher, die *Rosa canina, Rosa centifolia, Rosa arvensis* und die *Rosa rubiginosa* kannte. Er beschrieb den idealen Garten, sein Schüler Petrus de Crescentiis (1230–1321) verbreitete diese Ideen in ganz Europa. Dieser empfahl den „kleinen“ Leuten, einen Rasenplatz mit einer Rosenhecke und Obstbäumen zu umpflanzen, zwischen denen Wein ranken sollte. Der Dichter Petrarca (1304–1374) besaß mehrere Gärten, in denen die Wege immer mit Weinreben überlaubt und von Rosenhecken eingefaßt waren.

Einen Rasenplatz, umgeben von Rosenhecken, empfiehlt Petrus de Crescentiis (1230–1321) als ideale Gartenanlage. Diese dichte Pflanzung von *Rosa gallica* 'Officinalis' wirkt besonders schön mit dem hohen Rittersporn dahinter und den vielen winzigen Blütenköpfchen des Mutterkrauts *Tanacetum* davor.

Rosen harmonieren gut mit anderen Blumen. Eine aparte Kombination ist die dunkelpurpurfarbene *Clematis viticella* 'Mme Julia Correvon' mit einer *Rosa centifolia muscosa* 'Henry Martin' (oben).

Auch der kleine, einfache Storchschnabel wirkt schmeichelhaft für rote Rosen, hier die 'Rote Maigold' des Hobbyzüchters Ewald Scholle (oben).
Die duftende Strauchrose 'Jacques Cartier' – eine Portland oder Damascena, darüber streiten sich die Experten – mit ihrem bläulichen Rosa wird wunderschön begleitet von einer lavendelfarbenen Glockenblume *Campanula lactiflora* 'Prichard's Variety' (großes Bild).

Zwei Rosen als Sinnbilder für die Gegner einer blutigen Fehde in England – was für ein unerklärlicher Widerspruch. Die Blüten der roten *Rosa gallica* und der *Rosa alba* verraten glücklicherweise nichts von ihrer historischen Bürde.

### *Englands Rosenkrieg*

Es bestehen berechtigte Zweifel, ob England wirklich wegen seiner vielen weißen Rosen Albion genannt worden ist. So schrieb 1368 ein Mönch in York, daß die *rote* Rose das englische Wappensymbol sei: „Sie wächst in diesem Lande seit Menschengedenken." Weiß oder Rot, das war dann auch die blutige Frage des 80jährigen Krieges in England, der am Ende jenes Jahrhunderts begann: Die rote Rose (Eleonore von Aquitanien soll die *Rosa gallica* 'Officinalis' dazu auserkoren haben) des Hauses Lancaster gegen die weiße Rose (*Rosa alba*) des Hauses York. Beide Adelshäuser kämpften um Englands Thron. Berühmtester Vertreter des Hauses York war Richard III. In diesem Streit verloren 60 Mitglieder der besagten Familien das Leben, und mehr als die Hälfte des gesamten englischen Adels wurde bei den Kämpfen ausgerottet. Ein Ende fand der Krieg der weißen und der roten Rose durch Heinrich von Richmond aus dem Hause Lancaster-Tudor, der den grausamen Richard erschlug und 1486 durch seine Heirat mit Elizabeth von York den Frieden herbeiführte.

### *Renaissancegärten*

In anderen Teilen Europas ging man mit Rosen liebevoller um. 1398 ließ der französische König Charles VI. den Garten Saint Pol in Paris erneuern und pflanzte 300 weiße und rote Rosen. In dem ersten bekannten Renaissance-Garten der Familie Rucellai in Florenz bildeten Rosen die Begrenzung für die kunstvolle Anlage, in der Myrte, Efeu, Buchs sowie Zitrone, Wacholder und Wein wuchsen und Wasser aus Grotten über Treppen hinab in kunstvolle Becken floß. Diese dichten Hecken aus verschiedenen Rosenarten wurden zu einem Gestaltungsprinzip jener Zeit. Auch Irrgärten, z. B. der des Laurentius Scholz in Breslau, bestanden aus Rosenhecken, bevor man Eibe dazu verwendete. Aber auch für den Formschnitt von Figuren wurden Rosen benutzt. In Italien kamen nun richtige Gartenpläne mit genauen Pflanzmustern in Gebrauch; ein gewisser Giovanvittorio Soderini beschreibt 1560 in seinem „Trattato degli arbori" z. B. einen runden Garten in einem rechteckigen Rahmen, mit ovalen Beeten und erhöhten Sockeln für Vasen, in denen duftende Hyazinthen, Maiglöckchen und Rosen wachsen sollten. Im Jahre 1597 sind es dann auch schon zehn verschiedene Rosensorten, die der Italiener Agostino des Riccio in seinem „Del Giardino di un Re“ auflistet. Im 15. Jahrhundert kultiviert Georg Fugger, der in seinem Garten in Augsburg über 700 Rosenstöcke pflegt, die erste Moschusrose. Diese *Rosa moschata* wird wegen ihres Duftes so genannt und ist nicht zu verwechseln mit *Rosa muscosa*, der sogenannten Moosrose.

### *Barocke Rosenleidenschaft*

Um 1600 hört man auf, möglichst viele verschiedene Pflanzen im Garten zu sammeln. Größere Aufmerksamkeit wird der Gestaltung geschenkt – Terrassen am Haus mit Stufen zu einem niedriger gelegenen Blumenparterre kommen in Mode. Dabei sind es weniger Rosen, die gepflanzt werden, als bunte einjährige Pflanzen oder Tulpen und Verzierungen aus Buchs und Zypressen. 1618 beschreibt William Lawson einen typischen englischen Herrenhaus-Garten, in dem Rosen nur in Form von Hecken auftauchen. In der „Flora“ von John Rea werden 1665 allerdings attraktive Treillagen vorgestellt, an denen man Rosen emporklettern lassen kann.

Nach wie vor ungebrochen ist in dieser Zeit die Rosenleidenschaft im Orient. Von einem Sir John Chardin sind anschauliche Reiseberichte überliefert, in denen die persischen Gärten gerühmt werden, weil in ihnen „die sehr verbreitete Rose in fünf verschiedenen Sorten vorhanden ist“. In Konstantinopel und Edirne wurden damals schon Rosen für den Export angebaut, 1593 sollen fast 40 Tonnen Rosenbüsche geordert worden sein.

Aber auch Holland entwickelt sich allmählich zu einem Zentrum des Rosenanbaus; es werden angeblich über 200 Variationen der *Rosa centifolia* angeboten. 1655 schreibt Adrian van der Donck, daß es in holländischen Gärten viele weiße und rote Rosen gäbe, und Landsleute, die nach Amerika ausgewandert waren, ließen sich Rosen aus der Heimat nachsenden.

In strengen Buchsbaumeinfassungen leuchten die kirschroten Rosen besonders stark. Diese Anlage könnte ein von Mauern umschlossener Stadtgarten des 16. Jahrhunderts in Florenz sein.

Keiner hat Rosen präziser und schöner dargestellt als der französische Zeichner Pierre-Joseph Redouté (1759–1840). Diese Abbildung zeigt die „Königliche“, die *Rosa alba Regalis*.

Geometrische Gestaltungselemente der Renaissancegärten sind besonders für Rosen mit ihrer unbändigen Blütenfülle ein guter Gegensatz. Die Strenge der Buchskugeln und des Eibenkegels steigert die Wirkung der rosafarbenen Kletterrosen 'Santa Catalina', der roten 'Iteran Combe' und der üppigen himbeerrosa 'American Pillar'.

### *Die Rose im Landschaftsgarten*

Mit der im 18. Jahrhundert entstehenden englischen Mode des Landschaftsgartens gerieten die Blumen dann wieder in den Hintergrund – offiziell natürlich nur; es gab sicherlich nach wie vor leidenschaftliche Rosenliebhaber, die sich an ihren Rosen im Garten erfreut und sie gepflegt haben. Goethes Vater verhielt sich zum Beispiel nicht der Mode entsprechend, er züchtete weiterhin mit großer Liebe Rosen in seinem Garten. In den großen Gärten dieser Zeit werden Rosen aber nur in separaten Arealen gezogen oder zur „Aufhellung" vor die allerwärts gepflanzten Immergrünen gesetzt – so z. B. 1750 in Rousham, wo man Rosen zwischen Lorbeerbüsche pflanzte. Der englische Gartengestalter Repton (1752–1818) riet zur Anlage spezieller Rosarien, ein schönes Beispiel hierfür ist Ashridge. Dort schaukeln Kletterrosen an Ketten über niedrigeren Rosensträuchern.

Im Landschaftsgarten des 18. Jahrhunderts wurden Rosen nur in separaten Rosarien geduldet. Als Begrenzung ranken hier Kletterrosen an Treillagen über niedrigen Rosensträuchern.

In dem ersten uns bekannten Samenkatalog von 1730 stehen ganz obenan die Aurikeln, erst sehr viel später werden Rosen aufgeführt. Aber schon der 1797 erschienene Katalog von Fillassier, einem bekannten Rosenzüchter aus Frankreich, enthielt fünfundzwanzig verschiedene Sorten. In Frankreich war man in bezug auf Rosen ein wenig sinnlicher als in England: Marie Antoinette wurde ein Bett aus Rosenblättern bereitet, als sie auf dem Weg zu ihrem Bräutigam in Provins übernachtete, und bei Banketten streute man Rosen auf Tische und Fußböden. Diese an Rom erinnernde Prunksucht fand unter Napoleon ihre Fortsetzung.

### *Auftritt der Teerose*

Um die Jahrhundertwende und zu Beginn des 19. Jahrhunderts ist die Rose dann Europas absoluter Liebling. Das hatte seine Gründe: Mitte des 18. Jahrhunderts entdeckte man, daß ein Rosensamen durch die Vereinigung von Blütenstaub und Stempel zustande kam, also durch die geschlechtliche Vermehrung der Pflanzen. 1761 erschien das Forschungsergebnis des Botanikers Koelreuter mit dem Titel „Vorläufige Nachricht von einigen das Geschlecht der Pflanzen betreffenden Versuchen". Diese Erkenntnisse lösten einen wahren Züchtungs- und Vermehrungsboom aus. Hinzu kam die Einführung der öfter-

Von zeitloser Schönheit ist diese *Rosa damascena semperflorens;* in der Mitte der kaum gefüllten sanft-rosa Petalen sind die goldenen Staubgefäße gut sichtbar.

'Souvenir de la Malmaison' heißt diese zauberhafte Rose, die an einen ebenso zauberhaften Garten erinnern soll. Ihr Anblick und ihr Duft wecken romantische Assoziationen.

blühenden Teerosen. Diese waren in China schon seit mindestens 1000 Jahren in Kultur und in den botanischen Gärten der englischen East India Tea Company in Kalkutta und Singapur seit etwa 1700 bekannt, aber erst die Ausweitung von Handel und Schiffsverkehr zwischen den Kontinenten im 18. Jahrhundert brachte sie nach Europa.

In dem Rosengarten der Kaiserin Joséphine in Malmaison sollen um 1800 über 160 verschiedene *Rosa gallica* und 150 verschiedene *Rosa centifolia* geblüht haben. Einige Exemplare stammten aus der Rosenzucht des hessischen Landgrafen Friedrichs II., die er sich 1766 in Kassel-Wilhelmshöhe hatte anlegen lassen. Die Rosen der Kaiserin sind von dem berühmten botanischen Zeichner Pierre Joseph Redouté (1758–1840) verewigt worden. Aber auch in den Rosengärten des Luxembourg in Paris stieg die Anzahl der Sorten rasant: 2000 sollen es gewesen sein, 30 000 bis 40 000 wilde Rosen wurden veredelt. Ein französischer Katalog von 1829 enthält sogar 2562 verschiedene Rosen, und an der Riviera entsteht ein Rosenrausch wie zu römischen Zeiten: Getreide- und Olivenbaumfelder werden nun für den Rosenanbau genutzt.

Die Geschichte der – immer noch – geliebten Rose 'Souvenir de la Malmaison' ist etwas geheimnisvoll. Noch ohne Namen soll sie 1843 von dem Züchter Béluze in das verwahrloste Malmaison geschickt worden sein, wo die französischen Behörden gerade mit der Restaurierung begannen. Ein russischer Großfürst nahm ein Exemplar als „Souvenir" für die kaiserlichen Gärten in St. Petersburg mit – so entstand der Name. Eine romantischere Version besagt, daß Kaiserin Joséphine sie dem schönen Zaren Alexander selbst gegeben hat. Wahr hingegen ist, daß das ganze Rosenrondell vor dem Potsdamer Neuen Palais mit 'Souvenir de la Malmaison' bepflanzt wurde.

## *Viktorianischer Rosenkult*

Als der Historismus seinem Höhepunkt zueilte, wurde 1829 in Potsdam ein mittelalterlich anmutendes Rosenfest gefeiert. Es galt der Kaiserin Charlotte von Rußland. Die Herren hatten sich als Ritter verkleidet, die Damen trugen üppige weiße Rosenkränze, und sie bekamen zur Erinnerung eine silberne Rose überreicht. In dieser gefühlsbeladenen Zeit ließ man

Zu Zeiten der englischen Königin Victoria (1819–1901) waren Hochstammrosen besonders beliebt. Die etwas steif wirkenden Anlagen wurden damals von zahlreichen Gärtnern penibel in Ordnung gehalten. Hier steht rechts eine blaßrosa 'Swany' und links daneben fallen die weichen Triebe der 'American Pillar' nach unten.

Die duftende Noisette-Rose 'Maréchal Niel' ist in ihrem feinen Aufbau und dem buttergelben Farbton eine Besonderheit, und nach ihrem Erscheinen um 1864 war sie entsprechend beliebt. Leider ist sie empfindlich und braucht ein geheiztes Glashaus im Winter (oben).
Dieser Plan eines Rosengartens zeigt die romantische Geziertheit seiner Epoche sehr deutlich. In der zweiten Hälfte des 19. Jahrhunderts bevorzugte man gleichmäßig angelegte Rosarien mit Hochstamm-, Trauer- und Buschrosen. Treillagen, Pergolen und Rosenlauben durften nicht fehlen. Statt der Wasserfontäne in der Mitte plazierte man oft auch Nachbildungen klassischer Statuen als zentrales Element (rechts).

Rosen an Tempeln und künstlichen Ruinen emporranken. In England waren gotische Bauwerke beliebt, und selbst in kleinen Gärten durfte eine mit Rosen bewachsene Laube in mittelalterlicher Manier nicht fehlen.

Als Ausdruck seiner höchsten Verehrung sandte Edward VII., der damalige Prince of Wales, 1869 einen Korb an Kaiserin Eugénie, der mit allen damals bekannten Rosensorten gefüllt war. Daß die kleinen Moosröschen Mitte des 19. Jahrhunderts zum Publikumsliebling wurden, beruhte auf dem herrschenden Zeitgeist, der schüchterne Frauen idealisierte.

Trotz der Ende des 19. Jahrhunderts einsetzenden Abkehr von der gezierten, steifen viktorianischen Mode blieben Rosen nach wie vor beliebt. Man pflanzte sie aber nicht mehr in abgezirkelte Rondells, sondern nach dem naturnahen Stil von William Robinson und Gertrude Jekyll, und man ließ sie über Mauern und Pergolen ranken oder setzte sie als Sträucher in die Staudenbeete. Aber auch Absonderliches trieb seine Blüten: Rosenstöcke in Töpfen, die durch Aufbinden und Ausbrechen von Knospen kegelförmig oder rund gezogen wurden, riesengroß, mit einem Gewicht von bis zu 150 Kilogramm. Sie wurden auf Ausstellungen gezeigt, und König Ludwig II. von Bayern erwarb einige von ihnen für seine Wintergärten.

Der Adel in Rußland schwelgte ebenfalls im Rosenluxus. Man bezahlte umgerechnet um die 25 000 Mark jährlich, um die Treibhäuser zu heizen, in denen Prachtexemplare herangezogen wurden. Ein besonderes Prestigeobjekt waren frische Rosen im Winter – und das ließ man sich etwas kosten. Der „Rosensuperlativ“ befand sich jedoch in Freiburg im Breisgau. Dort soll im Garten Wehrle ein Rosenstock, der 1881 mit einer Teerose okuliert worden war, bereits 1901 eine Fläche von 88 Quadratmetern eingenommen und 7400 Blüten getragen haben. Da möchte man gerne wissen, wer sie gezählt hat.

Ein pompöses Beispiel aus der großen Zeit der Remontantrosen ist die tiefrote, duftende 'Pierre Notting'. Mit etwas Glück kann man sie noch in Rosenschulen finden.

Eine sehr anspruchsvolle Bourbonhybride ist ‘La Reine Victoria’, die nur auf besten Böden gedeiht und anfällig für Krankheiten ist (oben). Die Remontantrose ‘Ferdinand Pichard’ ist von unbekannter Herkunft, sie entzückt durch ihre karminrot-weiß gestreiften Petalen. Davor steht der Zierlauch *Allium christophii* mit seinen bizarren Blütenköpfen in reizvollem Gegensatz (rechts).

Wie verblichener Samt falten sich die lilaroten Blütenblätter der Gallicarose ‘Sissinghurst Castle’ um die goldfarbene Staubfadenkrone. Das Geheimnisvolle dieser Rose mit unbekannter Herkunft wird durch den französischen Namen ‘Rose des Maures’ noch verstärkt. Sie wurde im englischen Sissinghurst im zauberhaften Garten von Vita Sackville-West zum erstenmal entdeckt.

Mit den modernen Züchtungserfolgen kamen auch neue Farben auf den Markt. 'Joseph's Coat' – bezugnehmend auf Josephs vielfarbigen Mantel im Alten Testament – ist ein feines Beispiel für die neuen gelb-roten Tönungen.

## *Moderne Rosen*

Anfang des 20. Jahrhunderts sind dann viele neue Züchtungen auf den Markt gekommen, u. a. Bodendeckerrosen, Floribunda und Miniaturrosen. Irgendwann ist bei den unzähligen Kreuzungen eine Blüte in leuchtendem Zinnoberrot herausgekommen, das eine Zeitlang zur Modefarbe wurde. Auch die lächerliche Züchtung von einzelnen, langstieligen Rosen ist eine Erfindung dieses Jahrhunderts. Der amerikanische Modezeichner Gibson malte Modelle, die Rosenstiele durch ihren Gürtel gezogen hatten, und schnell war das der „letzte Schrei". Der lange Stiel mit nur einer Blüte stellt für die Rose jedoch eine vollkommen unnatürliche Wuchsform dar. 1945 wurde eine Züchtung von Francis Meilland aus Cap d'Antibes zu einem riesigen Erfolg: 'Gloria Dei' oder 'Peace' genannt. 1951 waren bereits über eine Million Exemplare nur in England verkauft worden. Zu dem großen Fest der Eröffnung des Völkerbundpalastes in Genf spendierte der Aga Khan 30 000 Rosen, die aus Holland eingeflogen wurden, und Pandit Nehru wurde 1955 bei seiner Ankunft in Amritsar mit einem grandiosen Regen aus Rosenblättern empfangen.

Die Rose wird auch zur Jahrtausendwende ihre Auszeichnung als „Königin der Blumen" nicht verlieren, obwohl es immer wieder den einen oder anderen Provokateur geben wird, der das Gegenteil behauptet. Es war ein Schock für die englischen Rosenfreunde, als Christopher Lloyd den Rosengarten von Great Dixter rodete, weil er die Rosen „zickig" fand. Und der Gartenguru unserer Tage, Jürgen Dahl, möchte lieber die Iris königlich nennen. Sie aber werden Ausnahmen bleiben in der uralten Liebesbeziehung zwischen Menschen und Rosen.

In den Gartenanlagen des 20. Jahrhunderts spielt die Rose nach wie vor eine wichtige Rolle. Aber sie wird in dichten, gemischten Pflanzungen mit anderen Blumen zusammen gesetzt, und die Farbkompositionen werden subtiler – wie hier die Mischung von *Rosa* 'Schneewittchen' mit weißen und lindgrünen Stauden wie z. B. *Alchemilla mollis*, *Lychnis coronaria alba*, *Malva moschata* und *Hosta* 'Thomas Hogg'.

*Rosa gallica violacea* ist eine dunkel-purpurfarbene Schönheit, von der man nicht weiß, woher sie stammt. Sie wird auch „Die Schöne Sultanin" genannt – „La belle Sultane" – ein märchenhafter Name für eine geheimnisvolle Blume, die hier von einer Sterndolde *Astrantia* 'Margery Fish' umrahmt wird (oben).
Ein weiteres Beispiel für die Attraktivität von Weiß und Purpur ist die Kletterrose 'Schneewittchen' zusammen mit dunkelvioletten Klematis (oben).

Ein Traum in Rosa ist 'Johanna Röpke'. Die halbgefüllten Blüten entfalten sich aus dunkelrosa Knospen, und sie behalten ihre zartgelbe Mitte (großes Bild).

# *Die Geschichte der Rose*

Seit ungefähr 200 Jahren kennen wir 'Henri Foucquier'. Diese duftende Gallicahybride gehört zu den Unzähligen aus der langen Ahnenreihe der Rosen. Ihre Besonderheit ist das grüne Knopfauge, das sich zeigt, wenn sich die Blütenblätter langsam nach außen entfalten.

Die botanische Gattung *Rosa* umfaßt über 100 Arten, deshalb gliedert man sie nach Klassen oder Gruppen, die jeweils denselben Ursprung oder ähnliche Merkmale besitzen. Durch spontane Veränderungen (Mutationen oder Sports), Auswahlverfahren (Selektion), natürliche und künstliche Kreuzungen (Hybriden) existieren heute viele tausend Sorten. Als registrierte Marken sind über 6000 Züchtungen bekannt.

In jedem Land mit gemäßigtem Klima auf der nördlichen Halbkugel hat es wildwachsende Rosen gegeben, während sie auf der Südhalbkugel und in den Tropen nicht vorkamen. Heute kennt man 150 ursprüngliche Arten, davon wachsen 85 Prozent in Zentralasien. Wenn wir auch durch die Genforschung immer präzisere Informationen über die Herkunft einzelner Rosen erhalten, hüllt sich die Entstehungsgeschichte vieler Arten dennoch in tiefes Dunkel. Rosenexperten streiten sich deshalb oft nicht einmal, sondern akzeptieren unterschiedliche Interpretationen über Abstammung und vermutete Kreuzungen. Im Laufe der Jahrhunderte haben jeweils neue Erkenntnisse zu Überarbeitungen der Klassifizierung geführt. So steht z. B. im Brockhaus von 1827: „Die Rose ist ein Blumengeschlecht in der 5. Ordnung der 12. Classe (*Icosandria Polygynia*). Die Kunst hat eine Menge Spielarten erzeugt, die sich mehr oder weniger von der Grundgattung entfernen und die Bestimmung der einzelnen Gattungen ungemein erschweren."

Die Bourbonrose ist eine Zufallskreuzung – so wie viele Spielarten, die später gezielt zur Züchtung bestimmter Merkmale eingesetzt worden sind.

In der letzten Zeit geht man in den Rosen-Katalogen von der Einteilung, die etwas über den Ursprung der Art aussagt, ab und ordnet die Rosen in Wuchsformen. Es heißt also nicht mehr Teehybride, Floribunda, Polyantha, Remontant, Alte, Neue oder Englische Rose. Diese Hinweise bleiben zwar bestehen, ordnen sich aber einer klareren Gliederung unter, an der sich auch Nicht-Experten orientieren können. Zukünftig kann man z. B. unter solchen Begriffen wie Strauch-, Beet-, Kletter- oder Bodendeckerrose suchen.

## *Die Ur-Rosen*

Die historische Entwicklung der Rose ist spannend, und mancher Strauch im Garten erhält eine besondere Aura, wenn man seine Geschichte kennt. Man sagt, daß in „vorgeschichtlicher Zeit" in Indien die *Rosa moschata* (die Moschusrose) gezüchtet

Ur-Mutter dieser zauberhaften Ramblerrose 'Ghislaine de Féligonde' ist eine *Rosa multiflora* aus Asien. Aus dieser Art wurden viele der modernen Floribunda gezüchtet.

wurde – begehrt wegen ihres Dufts bis ins 17. Jahrhundert hinein. Die *Rosa richardii*, die heilige Rose von Abessinien, ein überhängender Strauch mit hellrosa Blüten und schwarzen Hagebutten, ist wahrscheinlich ähnlich betagt. Doch die bedeutendste Stammutter der europäischen Rosen ist die *Rosa gallica*. Sie stammt aus dem Kaukasus, besitzt einzelne, duftende Blüten, dunkelgrünes Laub, wenige Stacheln und bildet rundliche Büsche. Sie wurde in Griechenland, Persien und Rom angebaut, ihre Samen treiben gut aus und man vermutet heute sogar, daß sie Anteile an den *Rosa chinensis*-Hybriden hat, die im 18. Jahrhundert die europäische Rosenzucht revolutionierten.

Bei der 'Versicolor' hat die Natur ein erstaunliches Ergebnis vollbracht: Diese *Rosa gallica* hat auffällige Streifen von Purpurrosa auf hellrosa Grund. Sie wird auch 'Rosa Mundi' genannt – eine romantische Anspielung auf 'Fair Rosamund', die Geliebte König Heinrichs II. von England.

Eine Nebenform, *Rosa gallica* var. *officinalis*, die älteste bekannte Gallica, wurde seit dem Mittelalter auch zu medizinischen Zwecken gezogen, die *Rosa gallica* var. *conditorum* fand Verwendung in Süßspeisen. Eine gefüllte Gallica ist die sogenannte Provinsrose. Eine bildschöne Mutation stellt die *Rosa gallica* 'Versicolor' mit ihren weiß-rosa Streifen dar, und mit den größten Blüten präsentiert sich 'Charles de Mills'.

Die Damaszenerrose ist ebenfalls auf eine *Rosa gallica* zurückzuführen, entweder als eine Kreuzung mit *Rosa phoenicia* oder mit *Rosa moschata*. Auf jeden Fall blühte sie schon in Ägypten, und es ist eine *Rosa* x *damascena*, die auf den Fresken von Pompeji zu bewundern ist. Es gibt eine sogenannte sommerblühende Damascena und eine remontierende, die sogenannte herbstblühende Art (*Rosa bifera*). Urälteste Duftrose ist *Rosa* x *damascena* 'Trigintipetala', die noch heute in Bulgarien auf riesigen Feldern angebaut wird. Von vollkommener Schönheit ist die weiße 'Madame Hardy', sie wurde von dem Verwalter der kaiserlichen Rosengärten in Malmaison gezüchtet.

Die Albarosen, auch eine sehr alte Zuchtform, die eine eigene Gruppe bilden, sind auf eine natürliche Kreuzung mit *Rosa* x *damascena* und *Rosa canina* zurückzuführen. Sie waren im Mittelalter sehr verbreitet, sind größer als andere Sträucher, und ihre duftenden, pastellfarbenen Blüten harmonieren gut mit dem graugrünen Laub. Eine anmutige Vertreterin ist 'Maiden's Blush', die schon vor 1600 bekannt war.

*Die Hundertblättrige Rose*

Auch die Zentifolien gehen auf eine *Rosa* x *damascena* zurück. Man vermutet, daß sie das Ergebnis einer Kreuzung mit einer Albarose sind. Da es aber über viele Jahrhunderte verschiedene bewußte und zufällige Kreuzungen gegeben hat, wird die *Rosa centifolia* als eigene Art angesehen. Sie war immer eine Lieblingsrose; da sie überwiegend in der Provence angebaut wurde, nannte man sie „Provence-Rose“, aber auch 'Rose de Peintres', weil sie auf holländischen Blumenstilleben häufig abgebildet wurde. Eine typische, sehr charmante Zentifolie ist 'Fantin-Latour'. Die kleinen Burgunderröschen oder Pomponrosen gehören ebenfalls zu den Zentifolien. Die *Rosa centifolia muscosa* ist eine Mutation, ein sogenannter Sport einer Zentifolie. Um die Knospe hatte sich ein moosartiger Bewuchs gebildet, der harzig duftete. Diese Sorte kam Mitte des 19. Jahrhunderts ganz groß in Mode. 'Old Pink Moss' oder 'Nuits de Young' sind prominente Vertreter der merkwürdigen Moosrosen.

Die Moosrosen verdanken ihren Namen dem moosartigen Bewuchs auf den Knospen. In Verbindung mit ihrer dunklen magentaroten Farbe wirkt diese harzig duftende Erscheinung besonders attraktiv. 'William Lobb' ist eine starkwüchsige Kletterrose.

*Verschiedene Wildrosen*

Die Kultur der schottische Zaunrose 'Sweet Briar' (*Rosa eglanteria* oder *Rosa rubiginosa*) ist seit 1551 nachgewiesen. Ihr Laub duftet nach Äpfeln, und sie dient häufig als Unterlage für Veredelungen. Rubiginosahybriden, z. B. 'Hebe's Lip' oder 'Fritz Nobis', sind begehrte Strauchrosen für den Garten. Ähnliches kann man von der Bibernell- oder Dünenrose (*Rosa spinossissima* oder *Rosa pimpinellifolia*) sagen. Sie wurde nachweislich seit 1600 in Europa kultiviert; eine Kreuzung mit einer Damaszener brachte die attraktive 'Stanwell Perpetual' hervor. *Rosa foetida (Rosa lutea)* ist eine aus dem Iran stammende Rose, seit dem 16. Jahrhundert bekannt. Sie ist eine Sorte der *Rosa alba*, wurde auch „türkische Rose“ genannt und war wegen ihres merkwürdigen Dufts und der Anfälligkeit für Sternrußtau nie sehr beliebt. Eine gefüllte Form wurde 1838 von Sir Henry Wilcock als 'Persian Yellow' aus dem Iran eingeführt.

Die Bestimmung der Herkunft und die Einteilung in Klassen der Rosen bleibt bis Mitte des 18. Jahrhunderts in Europa un-

Als klassische Zentifolie gilt 'Fantin-Latour'. Ihr betörender Duft und das durchsichtige Rosa ihrer Blüten hat sie zu einer sehr beliebten Rose gemacht. Ihre Herkunft ist unbekannt (oben).

Das Besondere bei der Rose 'Hebe's Lip' sind die roten Färbungen am Rande der weißen Petalen, die auf diese Weise den Farbton ihrer Knospen hält (oben).
Der Rosengarten von Mottisfont Abbey in England besitzt eine großartige Kollektion Alter Rosen. Graham Stuart Thomas hat ihn angelegt. Hier mischen sich weißer Fingerhut und weiße Glockenblumen *Campanula alliariifolia* 'Alba' vorteilhaft mit der *Rosa damascena* 'Celsiana' (großes Bild).

Auch die Gallicarose 'Charles de Mills' hat die Natur durch eine Zufallskreuzung hervorgezaubert. Ihre dichtgefüllten Blüten scheinen sich zu vierteln, und im Aufblättern der Petalen zeigt sich schließlich ein kleines grünes Auge.

übersichtlich. Dabei weichen die Wuchsformen und auch die Farbpalette nicht entscheidend voneinander ab. Vorherrschend waren die Farben Weiß, Rosa, Mauve und Purpur, und alle Rosen hatten die Eigenschaft, am vorjährigen Holz zu blühen, was praktisch eine einmalige Blüte – und eine sehr seltene Nachblüte – zur Folge hatte. Mit der Einführung ostasiatischer Rosen in der zweiten Hälfte des 18. Jahrhunderts – die übrigens auch nicht alle Wildrosen waren, sondern zum Teil Produkte uralter Züchtungen, Zufallskreuzungen und Mutationen, wie auch in der europäischen Rosengeschichte – veränderte sich die Rosenkultur auf eine fast revolutionäre Weise.

*Die Chinarose*

Die *Rosa chinensis* (manchmal auch *Rosa sinica* oder Bengalrose genannt) blüht am einjährigen Trieb und setzt deshalb während der ganzen Vegetationsperiode eines Jahres neue Blüten an. Dafür ist sie frostempfindlicher als ihre europäischen Schwestern, und ihr fehlt der betörenden Duft. Unter dem Namen 'Parsons' Pink China' oder 'Old Blush' kamen 1752 Chinahybriden von Kanton nach Europa. Die *Rosa chinensis* 'Semperflorens' erreichte England 1793 und wurde 'Slater's Crimson' genannt. Sie reizte die Züchter durch ihre tief blutrote Farbe. 'Hume's Blush Tea-scented China' (*Rosa* x *odorata*), 1809 von Sir Abraham Hume, und die goldgelbe 'Park's Yellow Tea-scented China' (*Rosa* x *odorata ochroleuca*), 1824 von dem Pflanzenjäger A. D. Parks eingeführt, sind die beiden anderen Chinarosen, die entscheidende Veränderungen auslösten. Der Botaniker C. C. Hurst wies 1920 durch genetische Untersuchungen nach, daß alle Remontant- und modernen Edel- und Floribunda-Rosen auf diese vier chinesischen Rosen zurückzuführen sind. Seine Theorie ist nicht widerlegt worden.

Aber auch andere „Einwanderer" aus dem ostasiatischen Raum trugen im 18. Jahrhundert zu entscheidenden Veränderungen bei: *Rosa wichuraiana, Rosa gigantea* und *Rosa multiflora* sind die Mütter vieler Kletterrosen; Kreuzungen mit *Rosa foetida (Rosa lutea)* und *Rosa* x *odorata ochroleuca* haben die gelben Teehybriden hervorgebracht, und die *Rosa rugosa* aus Japan – die sich wie eine Wildrose eingelebt hat – ist für so imposante Sträucher wie 'Conrad Ferdinand Meyer' verantwortlich.

Die chinesischen Rosen haben die Rosengeschichte grundlegend beeinflußt. Diese Zeichnung aus dem 19. Jahrhundert stellt eine duftende *Rosa chinensis* 'Princess Beatrice' dar. Damals nannte man diese Wunderblume noch *Rosa indica*.

Auch diese Farbsensation hat für die Geschichte der Rosen eine große Bedeutung. Die *Rosa foetida bicolor* ist ein Sport von *Rosa foetida*, der Ur-Mutter vieler gelber Gartenrosen. Der Name wird auf den etwas unangenehmen Geruch zurückgeführt, aber bei dem Anblick der orangegelben Blüten – die manchmal auch in Gelb und Orange nebeneinander an demselben Busch erblühen – nimmt man dies gern in Kauf.

Eine exquisite Bourbonrose ist 'Madame Pierre Oger'. Noch feiner in Form und Farbe als 'La Reine Victoria', von der sie eine Zufallsmutation ist, wurde sie ein Publikumsliebling. Manchmal verläuft der rosa Farbton auch etwas streifig durchscheinend nach außen.

## *„Alte Rosen"*

Vier der vielen auf Chinahybriden zurückzuführenden Rosensorten werden als eigene Arten behandelt: Die Bourbonrose ist eine zufällige Kreuzung einer *Rosa* x *damascena* mit einer *Rosa chinensis* auf der Insel Bourbon (heute Mauritius) – sie ist die Mutter so entzückender Nachkommen wie der 'Souvenir de la Malmaison'. Die Portlandrose, von der man annimmt, daß sie eine China-Damascena-Gallica-Hybride ist, wurde um 1800 von der Herzogin von Portland in England angebaut und ist durch französische Züchter zur Stammutter vieler Sorten geworden, z. B. der prächtigen 'Comte de Chambord'. Die Einordnung der 'Rose de Resht' als Portlandrose wird angezweifelt, da sie nachweislich aus dem Iran gekommen ist; ihr Wuchs und die wiederholte Blüte sprechen allerdings für diese Zuordnung. Die Noisetterose stammt aus Nordamerika und geht wahrscheinlich auf eine Kreuzung von *Rosa chinensis* x *Rosa gigantea* mit einer *Rosa moschata* zurück. Zu ihnen gehören die zartblütigen Kletterrosen in hellen Farben, wie 'Aimée Vibert', die besonders in Frankreich zu Beginn des 19. Jahrhunderts gezüchtet wurden. Die vierte, allerdings ziemlich unbedeutende Gruppe bilden die Boursault-Rosen. Ein französischer Züchter nannte sie so zu Ehren eines Rosensammlers, der im Paris in den zwanziger Jahren des 19. Jahrhunderts berühmt war. Es handelt sich dabei um eine Kreuzung zwischen *Rosa pendulina* und einer *Rosa chinensis*. Sie zeichnen sich durch ihre rötlichen Triebe ohne Stacheln aus und blühen sehr früh. Im Herbst ist ihr lockeres Laub oft gefärbt. Eine schöne Vertreterin ist die Kletterrose 'Mme Sancy de Parabère'.

## *Remontantrosen und ihre Nachfolger*

Kurz zusammengefaßt, hat die Verbindung von ostasiatischen Rosen mit *Gallica*rosen zu den sogenannten Chinarosen geführt. Eine Kreuzung dieser Art mit Damaszener-, später auch Bourbonrosen brachte die Remontantrosen hervor, die Rückkreuzung der Remontantrosen mit Chinarosen ließ die Teehybriden bzw. Edelrosen entstehen. Sie tragen an aufrechten Trieben einzelne, große und elegante Blüten. Die erste anerkannte Teehybride, 'La France', wurde 1867 preisgekrönt.

Die Entwicklung der Teerosen war ein Höhepunkt bei den Züchtungserfolgen mit *Rosa chinensis*. Diese mit Tautropfen benetzte Rose aus einem Katalog des 19. Jahrhunderts wird als *Rosa thea* 'La Boule d'Or' angepriesen.

Diese Gartenanlage zeigt eine gekonnte Mischung aus modernen Strauch- und Kletterrosen zwischen Stauden in unterschiedlichen Farben, ohne daß sie zu bunt oder aufdringlich wirkt. Im Vordergrund des Bildes steht die bernsteinfarbene Rose 'Amber Queen', links darüber neigt sich eine 'America' und in der Rabatte im Hintergrund wächst die lachsfarbene 'Fragrant Delight'.

Die Entwicklung der Polyantharose als Ergebnis einer Mehrfachkreuzung von *Rosa multiflora* war ein weiterer Meilenstein in der Geschichte der Rose. So robust und reichblühend war zuvor keine andere.

Die Mehrfachkreuzung einer *Rosa multiflora* brachte 1875 'Ma Paquerette' hervor, die erste Polyanthahybride. Polyanthas tragen ihre Blüten in üppigen Büscheln und besitzen eine entsprechend gute Fernwirkung. Als man später diese wiederum mit Teehybriden kreuzte, entstanden die Floribundarosen. Floribundas bilden Blütenbüschel mit weniger Blüten als die Polyanthas, und die einzelnen Blüten besitzen Teerosen-Charakter.

*Rosa chinensis minima* wird als Ursprung der Miniaturrosen angenommen; sie ist um 1800 nach Europa gekommen, aber erst ab 1918 durch die Arbeit spanischer und Schweizer Züchter als eine neue Klasse anerkannt worden. 1919 kam durch Kreuzungen von Hybriden mit *Rosa arvensis* und *Rosa wichuraiana* die erste Bodendeckerrose auf den Markt. Für die Entwicklung der Rosen ist am Ende des 20. Jahrhunderts noch die Züchtung der sogenannten Englischen Rosen bemerkenswert. Seit den sechziger Jahren gibt es eine Reihe von Kreuzungen moderner Rosen mit einmalblühenden, duftenden Rosen früherer Jahrhunderte. Sie bieten eine umfassende Farbpalette, blühen wiederholt im Jahr, sind frostfest und verhältnismäßig krankheitsresistent – und vor allem duften sie. Sind die Möglichkeiten der Rosengeschichte damit erschöpft?

Aus der Kreuzung einer Polyantha mit einer Teehybride entstand diese erfolgreiche Floribundarose 'Mevrouw Nathalie Nypels'. Sie blüht üppig, aber die einzelne Blüte ist fein, und sie besitzt ein reizvolles Farbspektrum von Dunkel- bis Hellrosa.

Noch immer geraten Rosenliebhaber bei der 'La France' ins Schwärmen. Sie war die erste Teehybride. Ihre Eleganz und ihr Duft sind legendär.

# *Symbolik und Mythos der Rose*

Das Märchen von Schneeweißchen und Rosenrot kommt dem Betrachter in den Sinn, wenn die Strauchrosen 'Nevada' und 'Marguerite Hilling' hier nebeneinander durch den alten Zaun ranken. Wie die beiden Schwestern sind auch sie miteinander verwandt: 'Marguerite Hilling' ist eine rosa Zufallsvariation der weißen Rose 'Nevada'.

In der Mythologie ist der Ursprung der Blumen immer mit dem Vergießen von Körpersäften verbunden. Es waren Blut, Tränen, Schweiß oder Muttermilch von Göttern oder von deren Propheten, die als Tropfen die Erde benetzten, wo dann Veilchen, Lilien oder Rosen sprossen. Sie symbolisieren das Opfer, das Gutes und Schönes hervorbringt, aber auch die göttliche Substanz der Personen, die dieses Opfer bringen.

Meeresgischt, der sich bei ihrer Geburt schaumartig um den Körper Aphrodites, der griechischen Göttin der Liebe, legte, soll sich sodann in weiße Rosen verwandelt haben. Bei dem Anblick von *Rosa alba* 'Maxima' mag man diese Legende fast glauben.

Die Griechen glaubten, daß die Rosen bei Aphrodites Geburt entstanden seien: Als sie dem Meer entstieg, wuchs auf der Erde ein neuartiger Strauch. Die Götter sprühten Nektar über die Zweige, und jeder Tropfen wurde zu einer Rose. Anderen Vorstellungen zufolge war es schon die Meeresgischt, die sich schaumartig um ihre Hüften wand und zu einer Rosengirlande wurde. Die rote Rose entstand, als der tödlich verwundete Adonis in einem von Rosenhecken umgebenen Hain lag und seine Geliebte Aphrodite zu ihm eilte. Sie verletzte sich an den Dornen, worauf ihr Blut die weißen Rosen rot färbte. Nach einer anderen Version ist es das Blut des Adonis, das sie färbte.

Tränen von der paphianischen Göttin fielen zur Erde,
Blut von Adonis,
beide benetzen die Erde und werden zu Blumen,
Anemonen wurden aus ihren Tränen
Rosen aus seinem Blut,
Adonis, Adonis, der süße Adonis ist tot. (Bion, 100 v. Chr.)

## *Orientalischer Mythos*

Im Islam dagegen sind es die Schweißtropfen des Mohammed, die Rosen hervorbrachten; in der Rose sollen die fünf Geheimnisse Allahs ruhen, und es war verboten, Rosenblätter auf dem Boden liegenzulassen. Ein gläubiger Moslem wird deshalb niemals auf eine Rose oder ein Rosenblatt treten.

In Babylon war die Rose auch Sinnbild der Macht und gehörte mit Apfel und Adler zum Schmuckwerk staatlicher Einrichtungen. In Indien soll die Göttin Lakschmi aus einer Rose entstanden sein, die aus 108 großen und 1008 kleinen Petalen bestand, wie überhaupt die Anzahl der Blütenblätter verschiedene Bedeutungen gehabt hat. Herodot beschreibt eine 60blättrige Rose, wohl weil 60 eine altbabylonische Zahl war und die Rose aus dem Zweistromland kam.

Der Mythos um die römische Liebesgöttin ist ebenfalls mit Rosen verwoben. Sandro Botticelli malte um 1485 die „Geburt der Venus“ und läßt die Engel Rosen vom Himmel streuen. Zu bewundern ist das Gemälde in den Uffizien in Florenz.

Die Kletterrose 'Albertine' überwuchert die Mauer eines Wasserschlosses. Es wirkt uneinnehmbar, fast wie bei Dornröschen, wenn es nicht die einladende Brücke gäbe.

## *Die Frau und die Rose*

Grundsätzlich wurden die Rosen als eine Gabe der Götter betrachtet, als das Symbol für Schönheit, Liebe und Hingebung. Schenkt man rote Rosen, ist die Botschaft eindeutig – leider ist diese Geste durch das massenweise Angebot von fliegenden Händlern in Abendlokalen und durch den Einsatz bei Werbeaktionen für Waschpulver oder politische Parteien sehr abgegriffen.

Die assoziative Verbindung von Rosen mit schönen Frauen und Leidenschaft hat schon Jahrtausende überdauert. Homer nennt Eros „rosenfingrig“, Rosen wurden sowohl der Venus als auch Eros zugeordnet. Allein der Anblick und der Duft dieser Blume wirken als Aphrodisiakum, und das Zusammentreffen von zarter Blüte und verletzendem Stachel verstärkt das Sinnbild der Liebe und des Liebesschmerzes. Die Vergleiche der Entjungferung mit dem Brechen einer Rose sind bekannt und sowohl im traditionellen Volksgut als auch in der Dichtung weit verbreitet. Das Märchen „Dornröschen“ und das Gedicht „Sah ein Knab' ein Röslein stehn“ von Goethe sind wahrscheinlich die populärsten Beispiele. Von der sinnlichen Ausstrahlung der Rose ist es dann auch nicht mehr weit bis zur gewerblichen Liebe. Man nannte in den vergangenen Jahrhunderten die Bordelle deshalb auch Rosenhäuser, und die Prostituierten bezeichnete man freundlicherweise als Rosengäßlerinnen. Schon in Rom legten sie vor dem Standbild der Venus Rosen als Geschenk nieder, um für ihr Gewerbe zu bitten.

## *Abendländischer Mythos*

Sehr viel Dunkelheit und Schwere liegt hingegen im germanischen Mythos. Hier werden die wilden Rosen mit der Unterwelt in Verbindung gebracht, im Vordergrund stehen die verletzenden Stacheln. Blutige Wunden wurden als „Rosen“ bezeichnet, und der Totenacker – oft ein ehemaliges Schlachtfeld – wurde Rosengarten genannt.

Durch den dekadenten Gebrauch von Rosen im alten Rom und ihre erotische Symbolik waren diese bei den frühen Christen eher verpönt. Obwohl die Shaker, eine christliche Sekte in den Vereinigten Staaten, noch Anfang dieses Jahrhunderts die

Auf dem Bild „Madonna im Rosengarten“ von Stefano da Verona (1375–1438) – auch Stefano da Zevio genannt – wird nicht nur die Schutzfunktion einer Rosenhecke sichtbar, sondern auch das Attribut der Zuneigung und Verehrung, das der Rose zugeschrieben wurde: Die Madonna ruht auf Rosenblüten, und ein Vogel legt ihr einen Blütenzweig zu Füßen.

Rosenumrankte Lauben haben bis heute ein romantisches Flair behalten. Diese verwunschene Situation ist besonders im frühen Dunst eines Sommermorgens reizvoll.

Die Moosrose 'Black Boy' mit ihren purpurschwarzen Petalen ist von düsterer Eleganz. Rosen in dieser Farbe sind oft Sinnbild bedeutungsschwerer Ereignisse. *Knautia macedonica*, die dunkelrote Wildskabiose, ist eine wirkungsvolle Begleitung.

Rose deswegen argwöhnisch betrachteten, war dieser Boykott nicht lange aufrechtzuerhalten. Zu lieblich und zart blühten auch den Christen die Rosen. Was lag näher, als sie der Maria zuzuordnen, wieder als Symbol der Liebe, Anbetung und Hingabe. Rosenstöcke an Kirchen, der Rosenhag, in dem Maria mit dem Kind spielt, und das Ausstreuen von Rosenblättern bei Prozessionen sind Sinnbilder dieses neuen – und ewig alten – Rosenkultes. Maria selbst wurde schließlich als die *Rosa mystica* bezeichnet. Die weiße Rose wird verschiedentlich auch Magdalenenrose genannt, weil die Tränen der Magdalena die rote Rose entfärbt haben und so die weiße Rose entstanden sein soll. Weiße Rosen gelten auch als Symbol für Jungfräulichkeit, während rote Rosen wegen ihrer blutroten Farbe das Märtyrertum versinnbildlichen.

Auf dieser Historismus-Illustration quellen Rosen aus der Schürze der Heiligen Elisabeth, als ein Häscher ihres Mannes sie beim unerlaubten Verteilen von Brot an die Armen ertappt. Dieses Fresko „Das Rosenwunder der hl. Elisabeth“ von Moritz von Schwind (1804–1871) befindet sich in der Wartburg in Eisenach.

Die Geschichten der Heiligen Dorothea und der Heiligen Elisabeth erzählen uns von der symbolischen Bedeutung der Rosen als Gottesgabe und Unschuldsbeweis: Dorothea wollte ihrem christlichen Glauben nicht abschwören, im Gegenteil, sie beschrieb ihren weltlichen Richtern voller Inbrunst die Schönheit des Paradieses. Auf dem Weg zu ihrer Hinrichtung spottete der Protokollant, sie möge ihm doch etwas aus dem Paradies schicken, wenn sie erst dort sei. Im Februar nach ihrem Tod brachte ein Engel dem Spötter einen Korb mit frischen Äpfeln und drei blühenden Rosen. Die Heilige Elisabeth wiederum litt unter ihrem geizigen, tyrannischen Ehemann und mußte ihre Wohltaten an den Armen heimlich verrichten. Als sie bei einem dieser Botengänge erwischt und ihr der Brotkorb entrissen wurde, fielen aus ihm Hunderte von Rosenblüten. Auch um die Entstehung des 1000jährigen Rosenstrauches zu Hildesheim ranken sich viele Geschichten. Eine besagt, daß Ludwig der Fromme sein Kreuz verlor und ein Diener es auf einem Rosenstrauch wiederfand. Ludwig ließ dort eine Marienkapelle bauen, und der Strauch wurde an der Chorwand aufgebunden.

## *Geheim und verschwiegen*

Die größte symbolische Bedeutung hat die einfache fünfblättrige „Ur-Rose“, denn eines der ältesten Symbole ist das Fünfeck bzw. das ihm zugrunde liegende Pentagramm. Diesem Zeichen wurde eine geisterabweisende Wirkung zugeschrieben, zugleich ist es Sinnbild von Verschwiegenheit und Symbol von Geheimbünden gewesen. Die Rose wurde zu einem gängigen Ornament an Beichtstühlen, und der Ausdruck *sub rosa* drückt die absolute Vertraulichkeit aus, die dort herrschen sollte. Verschwiegenheit sollte auch symbolisiert werden, wenn man früher bei Gastmahlen einen Rosenzweig über den Tisch hängte, um deutlich zu machen, daß das unter Freunden Gesagte nicht ausgeplaudert würde. „Und eben um der Verschwiegenheit sind an etlichen Orten einige Ordensleute Rosenkreutzer genennet worden, weil sie angeloben müssen, daß sie alles geheim und verschwiegen, auch ihre Gesetze steiff und fest halten wollen". (Zedlersches Lexikon, 1742)

Die Rose als Sinnbild der Unschuld und Verschwiegenheit – dies war vielleicht auch ein Grund, warum sich die Gruppe von jungen Studenten um Hans und Sophie Scholl, die gegen das nationalsozialistische Terrorregime ankämpfte, „Weiße Rose" nannte.

Die Rose wird ebenfalls als Symbol der Zeit betrachtet: Die Blüten für die Vergänglichkeit, die Petalen gelten als Kreis der Ewigkeit, und ihr Wachsen, Vergehen und wieder Werden versinnbildlichen das Rad des Lebens. „Ich sah' des Sommers letzte Rose stehn" oder „Noch sind die Tage der Rosen" sind zwei melancholische Anfangszeilen wunderbarer Verse, die von der Flüchtigkeit menschlichen Glücks sprechen.

Das Pentagramm entsteht durch die Verbindung der Ecken eines Fünfecks und war im Mittelalter ein magisches Zeichen für Geheimbünde und Abwehrmittel gegen Zauberei. Deshalb wurde die Rose mit ihren fünf Petalen ebenfalls in diese Mystik einbezogen.

# Rosen in Kunst und Kunsthandwerk

Der Garten des Impressionisten Claude Monet (1840–1926) in Giverny, Frankreich, mit seinen üppigen Rosen war Vorlage für viele seiner berühmten Bilder.

Diese Wandmalerei aus der Zeit um 1450 v. Chr. aus dem minoischen Palast in Knossos auf der Insel Kreta zeigt links oben eine Rose. Sie gilt bis heute als älteste, eindeutige Rosenabbildung.

Abbildungen von Rosen sind seit Jahrtausenden bekannt. Höhlenmalereien lassen zwar Deutungen auf Rosen zu, als erste klar identifizierbare Rose gilt jedoch die auf einem Fresko in Knossos auf der Insel Kreta aus der Zeit um 1450 v. Chr., die ohne Zweifel eine *Rosa* x *damascena* darstellt, vielleicht die berühmte Abessinische Rose aus dem oberen Niltal, die von minoischen Händlern nach Griechenland gebracht worden war. Das Fresko zeigt außerdem Iris, Rispengesträuch und hübsche Vögel.

Auf den Wandmalereien im Palast der Kaiserin Livia in Prima Porta vor den Toren Roms ranken hinter einer (gemalten) Sandsteinmauer Büsche mit zarten *Rosa centifolia*, unterpflanzt mit Margeriten, und auf den Zweigen sitzen kleine bunte Vögel. Bei den Ausgrabungen in Pompeji hat man vergleichbare Muster zeitgenössischer Gärten freigelegt. Derartige Wandmalereien waren viele Jahrhunderte lang als Abbild der Natur gedacht, so als ob sich das Zimmer im Freien inmitten einer paradiesischen Landschaft befände. Oft wurden am unteren Teil der Wand eine Balustrade oder ein Gitter dargestellt, um einen ganz naturalistischen Ausblick zu suggerieren. Die Wandmalereien im Palazzo Davanzati in Florenz aus dem 14. Jahrhundert sind teilweise von besonderer Raffinesse: Es wird ein blumenreicher Garten gezeigt, mit Vögeln, Schmetterlingen, Springbrunnen und allerlei Zierat. Bei genauerem Hinschauen sieht man dann, daß diese Szenen in Form eines Wandbehangs gemalt und an der oberen Kante wie mit Bändern an einer Stange befestigt sind. Dahinter ist der dunkle Wald mit Hirschen und Wildschweinen abgebildet. Diese doppelte optische Täuschung durch den Maler, künstliche vor die „wirkliche“ Natur zu hängen, ist voll feiner Ironie. Rosen sind meistens Bestandteil dieser Vorgänger der späteren Tapeten, da sie schon immer Inbegriff vollkommener Gartenkunst gewesen sind.

### *Islamische Bilder*

Persische Miniaturen zeigen Gärten oftmals als Hintergrund für Portraits bedeutender Personen oder als Rahmen für Bildergeschichten. Die frühesten Miniaturen stammen aus dem 13. Jahrhundert und bezeugen die prächtige Gartenkultur des Islam. Sie erzählen teilweise sogar die Entstehung berühmter

Eine zauberhafte islamisch-indische Miniatur der Bilderhandschrift des Alexanderbuches von Nizami aus dem 12. Jahrhundert zeigt nicht nur Rosen als Bild- und Textumrahmung, sondern der Herrscher selbst hält eine Rosenblüte in der Hand, während er seinem Schreiber diktiert.

Schon auf den Fresken im Palast der römischen Kaiserin Livia (58 v.Chr.–29 n. Chr.) findet man Abbildungen von *Rosa centifolia*, der „hundertblättrigen“ Rose. Sie übt noch immer eine unwiderstehliche Faszination aus. Kleine, schlichte *Rosa rubiginosa*-Blüten begleiten und betonen die Schönheit dieser gefüllten Rose.

Anlagen, wie z. B. die Gärten des Babur in Indien Anfang des 16. Jahrhunderts und wie Babur, Begründer einer 200jährigen Dynastie, selbst Rosen aussät. Auch auf Wandmalereien im Topkapi-Palast in Konstantinopel sind rechteckige Rosenbeete in großer Zahl zu erkennen. Im Islam wird die Rose auch häufig symbolhaft abgebildet. Wunderschöne graphische Darstellungen tausendblättriger Rosen, jedes Blütenblatt beschriftet mit einem Ausspruch des Propheten, belegen die Bedeutung der Rose als Abbild des Geistes Allahs.

Die „Muttergottes in der Rosenlaube" von Stefan Lochner (um 1410–1451). Selbst in die Krone Marias sind Rosenmotive aus Edelsteinen eingearbeitet.

### *Mittelalterliche Symbolik*

Nachdem im christlichen Abendland die Rose wieder offiziell zu Ehren gekommen war und sie zum Attribut des Paradieses und der Jungfrau Maria avancierte, wurden Bilder himmlischer Gärten gemalt, auf denen Rosen eine wichtige Rolle spielen. „Muttergottes in der Rosenlaube" von Stefan Lochner, das Genter Altarbild der Brüder van Eyck sowie frühere Illustrationen zum „Capitulare de Villis" und Crescenzis „Liber ruralium commodorum" zeigen Rosen in filigraner Gestalt. Der tausendjährige Rosenstrauch als Abbild des Leidens Christi ist weit verbreitet. Einzelne mittelalterliche Holzschnitte, die Zier- und Nutzpflanzen abbilden, gehören zu den Ausnahmen, allgemein sind die Blumen Bestandteil des in naturalistischer Form wiedergegebenen Gartens.

Abgesehen von Akanthusmotiven in der gotischen Baukunst, ist es die Rose, die zur Verzierung von Bauwerken und bei Holzschnitzereien verwendet wird: die Rose als Zeichen des Geheimnisses über Beichtstühlen, als Decken„rosette" z. B. in den Sitzungssälen der Rathäuser von Lübeck und Bremen oder als krönender Abschluß an der Kopfranke korinthischer Säulen. Die durchbrochenen, steinernen Fenster am Giebel der Kirchen sollen Rosen nachempfunden worden sein. Es wird allerdings ebenso vermutet, daß sie Sinnbilder der Sonne, des Ewigen Lichtes und des Heiligen Geistes sind. Die Türen der Kathedrale von Chartres wurden u. a. mit Rosenranken verziert. Das Pentagramm, das entsteht, wenn man das jeweils zweite der fünf Blütenblätter einer Rose miteinander verbindet, ist Zeichen für den „Goldenen Schnitt" in der Architektur und Malerei, es wurde daher auch als Verzierung an Bauhütten verwendet.

*Die Rose wird weltlich*

Berühmte Renaissancemaler wie Fra Angelico, Tizian und Botticelli haben Rosen in ihren schönsten Formen verewigt. Das Bild der Göttin Flora, die aus einer Falte ihres rosenbestickten Kleides Rosenblüten verstreut oder das der Geburt der Venus, auf dem windverweht zartrosa Albarosen vom Himmel fallen, sind wohl die populärsten Beispiele.

Mit der botanischen Wissenschaft entwickelte sich im 16. Jahrhundert gleichzeitig auch die Leidenschaft, seltene Pflanzen zu sammeln. Es entstand eine neue Gattung der bildenden Kunst, die botanische Illustration. Auch das wiedererwachte Interesse an der Natur und ihren Abläufen zur Zeit der Renaissance beförderte diese Hinwendung. Wunderschöne Florilegien entstehen, in denen Pflanzen peinlich genau in allen Wachstumsstadien abgebildet und sorgfältig koloriert werden. Auch wenn sie, wie bei Anna Maria Sybilla Merian, nur als Futterpflanzen für Tiere dargestellt werden. Man versuchte auch, die Pflanzen zu konservieren und trocknete sie zu diesem Zweck. Das älteste Herbarium stammt aus dem Jahr 1545 von einem Priester in Lucca und gehört heute der Universität Florenz. Gelegentlich erscheinen Rosen in dieser Zeit auch auf Personendarstellungen. Das sogenannte Phoenix-Portrait der Königin Elizabeth I. von Nicholas Hilliard, ca. 1575, zeigt sie mit einer Rose in der Hand.

Diese feine Zeichnung „Rose mit Schmetterling und Raupe“ der Anna Maria Sybilla Merian (1647–1717) zeigt eine *Rosa gallica* 'Versicolor'.

*Blumen-Stilleben*

Im 17. Jahrhundert kamen dann Blumenstilleben in Mode, sie sind prächtige Zierstücke, und ihre schönsten Beispiele findet man bei niederländischen Künstlern wie Jan Davidsz de Heem, Jan van Huijsum und Balthasar van der Ast. Aber nicht nur die Pracht, sondern auch die Vergänglichkeit der Blumen wird thematisiert. Symbolhaft werden Totenschädel, die fressende Raupe und entblätterte Rosen als Motive neben die Vasen gelegt. Auf fast allen diesen Bildern ist es eine hellrosa *Rosa centifolia*, die füllig und schwer zwischen Iris, Nelken, Vergißmeinnicht und den damals populären Tulpen prangt.

Jan Davidsz de Heems (1606–1683/84) Blumenstilleben gehört zu den feinsten Arbeiten dieser Art. Rosafarbene Zentifolien, Lilien und rote Päonien sind mit anderen Blumen zusammengestellt, aber deutlich wird die extravagante Stellung der Tulpe, die damals eine Modeblume war.

*Rosendekorationen*

Eine Biedermeier-Tasse aus der Nymphenburger Porzellanmanufaktur um 1820 trägt kugelige Bourbonrosen auf ihrem Rand.

Im frühen Barock erscheinen Rosen häufig als Verzierung an Möbeln, Türen, Kaminen oder Spiegelrahmen. Besonders als Dekoration für Deckengemälde wird sie geschätzt, wo Engelchen Rosen streuen und griechische Göttinnen von Rosengirlanden umkränzt sind. Von nun an taucht die Rose auch ohne christliche Thematik vermehrt auf Bildern auf, meist als Beigabe zu schönen Frauen. Im Staatlichen Kunstmuseum in Stockholm hängt ein besonders schönes Beispiel von 1756: Das Portrait der Baronesse de Neubourg-Cromière in einem über und über mit Rosen besetzten Kleid, alles in zartem Rosarot. Im Barock und Rokoko stellt die Rose ein gebräuchliches Stilmittel dar, besonders die Stukkaturen in Schlössern wie Bayreuth schwelgen in Rosengirlanden. Die Bilder von Boucher „Portrait der Madame de Pompadour“ und Fragonard „L'Amour triomphant“ zieren Rosen in schönster Form, und das Himmelbett der Madame Dubarry, Maitresse König Ludwigs XV., in Versailles war mit rosenbestickter Seide ausgestattet. Überhaupt werden in Frankreich und Deutschland während des 18. Jahrhundert die prächtigsten Stickereien hergestellt, z. B. bestickte Taufkissen, Kleider, Unterkleider, Wandbespannungen, Tischdecken sowie Bezugsstoffe, Vorhänge und Fächer aus Seide, Leinen, Damast und Spitze. Ein zentrales Motiv ist die Rose: im Bukett, einzeln oder als Girlande, durchwoben von farbigen Bändern, zierte sie die Ausstattung adliger Häuser. Um diese Zeit wurden Rosenmotive auf Tafelservice immer beliebter. Die Porzellanmalerei übernahm Vorbilder aus den bekannten Werken der botanischen Illustration, sie waren entsprechend detailgetreu und manchmal sogar mit kleinen Insekten versehen. Große Berühmtheit erlangte die Porzellanmanufaktur von Sèvres, die seit 1756 bis heute schönste botanische Blumendekore herstellt. Die „Meißner Rose“, um 1800 eingeführt, war ein typisches Dekor des Biedermeier, als sich auch Rosenbordüren auf Tapeten und Polsterstoffen großer Beliebtheit erfreuten.

Die Kaiserliche Porzellanmanufaktur von St. Petersburg, die von 1744 bis 1917 bestand, fertigte ein Tafelservice mit Rosendarstellungen nach Redouté für den Rosenpavillon von Schloß Pawlosk an. Dieser Rosenpavillon existiert leider nicht mehr. Es

Im Jahre 1853 brachte der französische Züchter Jacotot seine 'Gloire de Dijon' auf den Markt. Bis heute ist diese stark duftende, bernsteingelbe Rose ohne Konkurrenz geblieben. Hier rankt sie sich durch eine dottergelbe Jelängerjelieber (oben).

Erst seit dem 19. Jahrhundert werden in größerer Zahl gelbe Rosen gezüchtet, obwohl es immer gelbe Wildrosen gegeben haben muß. Die kräftige Kordes-Rose 'Alchymist' ist ein schönes Beispiel (oben). Mit ihren nach außen verblassenden Petalen scheinen die Blüten der 'Gartenarchitekt Günther Schulze' wie kleine Sonnen (rechts).

muß ein zauberhaftes Gebäude im Landschaftsgarten dieses Schlosses südlich von St. Petersburg gewesen sein. Der Pavillon war umgeben von zahlreichen seltenen Rosensträuchern, und die meisten Gegenstände im Haus, z. B. Stickereien auf Sitzmöbeln, Deckenleuchten sowie Vasen, Kandelaber und Spiegel waren mit Rosen verziert. Ein weiteres, ebenfalls mit Rosen dekoriertes Service entstammte der Porzellanmanufaktur des Fürsten Jussupoff: die sogenannte Rosenteller-Serie von Archangelskoje mit botanisch exakten Darstellungen.

Mitte des 18. Jahrhunderts entstanden Manufakturen für künstliche Blumen. Was zuvor eine Beschäftigung für feine Damen war, wurde jetzt zu einer kommerziellen Aufgabe für Kinder, die Armenverwaltungen von London z. B. organisierte die Herstellung von Stoffblumen in Waisenhäusern. Christiane Vulpius hatte in einer Blumenmanufaktur gearbeitet, als Goethe sie kennenlernte.

Das biedermeierliche Arbeitskörbchen von etwa 1835 ist mit einer weißen Rose bestickt, und der Sinnspruch am unteren Rand befaßt sich ebenfalls mit Rosen.

*Rosen in der Malerei*

Der bekannteste Rosenmaler ist sicherlich Pierre-Joseph Redouté (1758–1840). In seinem Werk „Les Roses" hat er 170 Rosen aus der Sammlung der Kaiserin Joséphine in Malmaison portraitiert, die in ihrer Qualität wohl einmalig sind. Er führte die Methode des Farbpunktierstiches zu ihrer höchsten Vollendung. Später wurden seine Bilder tausendfach auf Geschenkpapier und Pralinenschachteln gedruckt. Die Lufthansa verzierte eine Weile ihre Menükarten mit Redouté-Rosen.

Zur selben Zeit wie Redouté arbeitete in Kassel der Maler Salomon Pinhas (1759–ca. 1815). Er portraitierte die Rosen der Sammlung des Kurfürsten Wilhelms I. in wunderschönen Aquarellen, die allerdings nicht vervielfältigt und daher auch nicht so berühmt wurden wie die Werke seines Zeitgenossen Redouté.

Die Vielfalt der Rosendarstellungen im 19. Jahrhundert ist unübertroffen. Bei Philipp Otto Runge wird die Rose auf seinen romantischen Bildern wieder zu Symbol und Mythos, Moritz von Schwind und Ludwig Richter nutzen sie als märchenhaftes Dekor, und der englische Maler niederländischer Herkunft, Sir Lawrence Alma-Tadema, führt den viktorianischen Rosenrausch auf den absoluten Höhepunkt. In der Gegenbewegung

Redouté malte die Rosen der Sammlung von Kaiserin Joséphine in unübertroffener Präzision. *Rosa sulfurea* – heute nennt man sie *Rosa* x *hemisphaerica* – stammt aus Südwestasien und ist seit 1600 bekannt.

Der schottische Künstler Charles Rennie Mackintosh (1869-1928) hat mit seiner stilisierten Rose unzählige Wohnaccessoires dekoriert. Diesen Entwurf nannte er „Rose und Träne“.

zu dem gedrechselten Feudal-Design der viktorianischen Ära, der „Arts and Crafts“-Bewegung in England und der Entwicklung des Jugendstils, finden bildende Kunst, Kunsthandwerk und Architektur zurück zu floraler Natürlichkeit und zum Auskosten graphischer Elemente in der Natur. Die rankenden Wildrosen auf Tapeten und Dekostoffen von William Morris und farbige Rosen auf den Vasen von Gallé sind beispielhaft für das Bedürfnis nach Ursprünglichkeit, während die tausendfach verwendete Rose bei Charles Rennie Mackintosh zu einem graphischen Piktogramm wurde. Es gibt übrigens seit 1988 eine Englische Rose mit seinem Namen, die seine bevorzugte Farbe, ein zartes Rosa-Lila, hat. Die Impressionisten haben ebenfalls Rosen gemalt, aber es sind weniger die Objekte und ihr Symbolgehalt als vielmehr die Technik, das Einfangen von Licht und Bewegung, die diese Bilder berühmt machten.

Rosenbilder, Blumenbilder überhaupt, sind im Zeitalter der unendlichen Reproduzierbarkeit von Kunst nicht mehr gefragt. Höchstens im Postershop als gekünstelte Dekoration in zweifelhafter Qualität erhältlich, suggerieren sie weder Duft noch Anmut. Sie sind weder Zeugnis botanischer Kostbarkeit noch Abbild der uns begleitenden Vergänglichkeit von Jugend und Schönheit. Die Ausnahme als Bestätigung von der Regel bilden zwei Frauen: Georgia O'Keeffe (1887–1986) mit ihren Riesenblüten in explodierenden Farben, die beinahe gewaltsam dem Betrachter Lebenskraft aufzwingen will, und dagegen Marie-Jo Lafontaine (geb. 1950), deren „Belles de Nuits“ – chiantifarbene Rosen in gespenstischer Beleuchtung – das Vergebliche, Aussichtslose, den Tod darstellen.

Dunkelroten Teehybriden in großer Zahl haftet etwas Dramatisches an. Eine ähnliche Aussage haben die Rosen bei der Künstlerin Marie-Jo Lafontaine.

# *Rosen in der Literatur*

Die dunkelrote Meilland-Rose 'Fugue' rankt an einer alten Mauer empor – ein Anblick, der die Phantasie beflügelt.

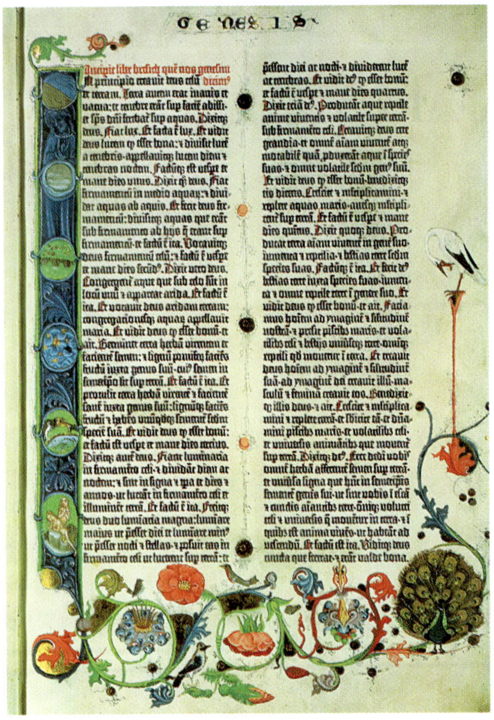

Die Schöpfungsgeschichte in der Gutenbergbibel von 1455 ist mit Rosenabbildungen illustriert. Johannes Gutenberg (1400–1467) ist der Erfinder des Buchdrucks mit gegossenen, beweglichen Lettern, der dadurch die Herstellung vieler Bücher, auch über Rosen, ermöglichte.

In den griechischen Helden- und Göttersagen ist die Rose Synonym für Schönheit und Erotik, göttliche Gaben und Liebesbeweis. In eher kindlicher Bildsprache werden die Götter als rosen„fingrig“ oder rosen„füßig“ beschrieben. Sehr viel poetischer heißt es in Sapphos Gedicht:

„... Rosen beschatten alle Hänge,
traumlos rieselt der Schlaf von ihren bebenden Blättern.“

Der vergängliche Zauber stummer Rosenblüten ist in diesen fast 3000 Jahre alten Zeilen ebenso faßbar wie in der Grabinschrift Rainer Maria Rilkes:

„Rose, oh reiner Widerspruch,
Lust, niemandes Schlaf zu sein
unter so viel Lidern.“

Die Mythen um Rosen und ihre symbolhafte Bedeutung haben durch die Jahrhunderte in Dichtungen, Märchen, Liedern und Sagen ganz unterschiedliche Ausprägungen erhalten. Bekannt wie Dornröschen, berühmt wie Dantes Vision vom Paradies als einer einzigen Rose oder vergessen, wie die Verse des persischen Dichters Omar Khayyam (1048–1131) – dessen Name tröstlicherweise in einer *Rosa damascena* weiterlebt, die von seinem Grab stammen soll.

Natürlich haben die Minnesänger Rosen in ihrem Repertoire, und sie sind auch symbolhafter Gegenstand der Suche nach Liebe und Glück im französischen „Roman de la Rose“. In Italien schwärmt Boccaccio (1313–1375)in seinem „Decamerone“ vom paradiesischen Garten in Fiesole, der von Hecken aus Rosen und Jasmin begrenzt ist, während der Dichter Eustache Deschamps (1346–ca.1406) die Rose mit der Sterblichkeit des Menschen vergleicht. Allerdings herrschte zu dieser Zeit die Pest in Europa, und so sind seine Worte naheliegend:

„... wenn die Nacht einfällt,
sind Blüte, Knospe, Rose schon verblichen,
in einem Tag ist Glanz dem Tod gewichen ...“

Die Rose als Sinnbild für die Mahnung des *Memento mori* – erinnere Dich, daß Du sterblich bist – hat über die Zeiten hinweg eine große Bedeutung gehabt. 1650, kurze Zeit nach Beendigung des Dreißigjährigen Krieges, schrieb Andreas Gryphius beeindruckende Verse über Rosen, Eitelkeit und vergebliches Streben nach ewiger Blüte und Jugend.

Zu Beginn des 18. Jahrhunderts findet der Hamburger Dichter Barthold Heinrich Brockes erstaunlich poetische Worte, um die Rose als Gottesgabe zu preisen. Seine Naturbeobachtungen, die Beschreibung der Farben und des Duftes der Rosen sind sehr präzise und trotzdem voll mitreißender Anmut.

„Wie eine Rose blühet
Wenn man die Sonne siehet,
Begrüßen diese Welt,
Die eh der Tag sich neiget,
Eh sich der Abend zeiget
Verwelkt und unversehens abgefällt.
So wachsen wir auf Erden,
Und hoffen groß zu werden,
Und schmerz, und sorgenfrei,
Doch eh wir zugenommen,
Und recht zur Blüte gekommen,
Bricht uns des Todes Sturm entzwei."

Bei einem anderen Dichter, Friedrich Gottlieb Klopstock (1724–1803), findet die Rose in seinem Werk „Das Rosenband" ihren literarischen Niederschlag.

Auf vielfältige Art und Weise wird das Rosen-Motiv in der deutschen Klassik verarbeitet. Die Rose steht für die Vergänglichkeit, das Zerrinnen der Zeit, das Rad des Lebens. Dann wieder symbolisiert sie den Frühling, Jugend, Blüte, ewige Wiederkehr und Rausch. Darüber hinaus versinnbildlicht sie Erotik und Schmerz. Die bedeutendsten Texte hierzu stammen wohl von Goethe, der das Sujet sowohl volkstümlich im „Heideröslein" als auch bedeutungsschwer im „Faust II" bearbeitet hat.

In der Romantik schwelgt man in Gefühlen. Rosen passen sehr gut zu Melancholie und dem Hang zum Morbiden. Sehr zart erklärt sich dieser Zeitgeist bei Nikolaus Lenau (1802–1850) in seinem Gedicht „Welke Rose":

*Rosa majalis*, die nordeuropäische 'Zimt-Rose', könnte das zarte, schlichte 'Heideröslein' sein, das Goethe in seinem Gedicht so populär gemacht hat.

Schmerzlich sichtbar ist die vergangene Schönheit einer späten Rose, die der Frost überrascht hat.

„In einem Buche blätternd, fand
Ich eine Rose welk, zerdrückt,
Und weiß auch nicht mehr, wessen Hand
Sie einst für mich gepflückt.

Ach, mehr und mehr im Abendhauch
Verweht Erinnerung; bald zerstiebt
Mein Erdenlos, dann weiß ich auch
Nicht mehr, wer mich geliebt."

Heinrich Heines Ironie in „Leise zieht durch mein Gemüt" dagegen steigert sich zu satter Boshaftigkeit in einem weiteren Gedicht „Alte Rose", aber auch andere Poeten können der Versuchung nicht widerstehen, verblühte Rosen mit ältlichen Frauen zu vergleichen, so z. B. Wilhelm Busch:

„Rosen, Tanten, Basen, Nelken
sind genötigt zu verwelken."

Onkel und Vettern übrigens auch! Kaum zu glauben, daß die wahrscheinlich unfreiwillige Komik des Hans Sachs 400 Jahre vorher aufgeschrieben wurde:

„Mir sind vergangen all meine Rosen
Schau, wie schlottern mir meine Hosen."

Einer der letzten Dichter, der das Motiv Rose in vielfältiger Weise in seinen Werken nutzt, um Schmerz, Schönheit und Erotik zu beschreiben, ist Oscar Wilde (1854–1900). Der Roman „Das Bildnis des Dorian Gray" beginnt mit dem Satz: „Das Atelier war von einem Rosenduft durchtränkt", und auf der Stelle sind Erotik und Dekadenz spürbar, und sein Märchen von der Nachtigall und der Rose ist eine schaurig-schöne Metapher über Liebe, Leid und Tod.

In der Literatur des 20. Jahrhunderts wird die Rose nur vereinzelt bildhaft verwendet. Else Lasker-Schüler und Gottfried Benn sehen in ihr besonders die Nähe zu Blut, Rausch und Vergänglichkeit, das Abrücken von Gotteslob und Idealisierungsphrasen wird deutlich. In klassischer Form erscheint sie noch einmal in Rudolf Borchardts (1877–1945) „Rosen-Abschied":

„Dies sind die letzten; suche nicht nach mehr.
Ich suchte, doch ich fand nicht. Wind bricht ein
Und Regen droht. Der Himmel schwül und schwer
Hängt in das Land und nimmt den letzten Schein.

Dies sind die letzten; voller Dornen hing
Als ich sie nahm, mein Haar, doch nahm ich sie.
So nahm ich Glück, ein rosenhaftes Ding
Aus Dornen, und ich bog vor Dir das Knie,

Und gab sie Dir, Duft für Minuten. Oh,
Vergiß das nicht! Dies sind die letzten, heute,
Schwermut der letzten Stunden duftet so,
Und schön wie sie verbirgt sich was uns freute.

Frühling ist tot und Sommer fährt herauf.
Schwermut und Abend weint in leichter Luft.
Dies ist Geschick. Wir ehren seinen Lauf.
Mit Tanz begann es und es stirbt mit Duft."

Die Remontantrose 'Ophirie' ist eine der inzwischen vergessenen Züchtungen von Louis Noisette zu Beginn des 19. Jahrhunderts.

Die wahrscheinlich niemals endende, unvergleichliche Faszination, die von Rosen ausgeht und der Schriftsteller und Poeten immer wieder unterliegen, hat zu Sammlungen von „Rosen-Dichtung" unterschiedlicher Art geführt.

„Das Buch ist wie eine Rose, beim Betrachten der Blätter öffnet sich dem Leser das Herz." (Persischer Sinnspruch)

# *Die Rose in der Botanik*

In der Botanik nimmt die Rose eine außergewöhnliche Stellung ein. Es gibt kaum eine Art, die so viele unterschiedliche Formen hervorgebracht hat. Hier blüht eine üppige Bourbonrose 'Gros Choux d'Hollande', deren Abstammung und Herkunft unbekannt sind, hinter Storchschnabel und Lein.

Rosen und Birnen gehören derselben Familie an: den *Rosaceae*. Diese Zeichnung von Flegel entstand um 1610.

Der schwedische Botaniker Carl von Linné (1707–1778) hat ein System entwickelt, nach dem noch heute die Pflanzen der Welt geordnet werden. Die Bezeichnungen sind zum besseren internationalen Verständnis lateinisch abgefaßt, und die Kategorien sind in einer Hierarchie aufgebaut, die man sich wie einen Familienstammbaum vorstellen kann:

Ganz oben steht die Abteilung (1.), darunter ordnen sich die Unterabteilungen (2.), die wiederum gliedern sich in Klassen (3.). Klassen haben Unterklassen (4.), die nach Ordnungen (5.) sortiert sind, die jeweilige Ordnung hat Familien (6.), Unterfamilien (7.) und schließlich Gattungen (8.).

Die Rose (*Rosa*) ist eine Gattung der Unterfamilie *Rosoideae* in der Familie der *Rosaceae*, zu der u. a. Birnen, Äpfel und Himbeeren gehören. Rosen sind Strauchgewächse, die keinen einzelnen, sich verzweigenden Trieb hervorbringen, sondern immer eine größere Zahl gleichwertiger Triebe, die sich von der Basis her in unterschiedlicher Länge und Form entwickeln und verzweigen. Sie sind Tiefwurzler, einige bilden Wurzelausläufer. Ihre Stacheln – die keine Dornen sind, da sie von den Trieben abgeknipst werden können – sind ausgesprochen vielfältig, *Rosa pendulina* ist sogar stachellos, während *Rosa omeiensis f. pteracantha* bis zu zwei Zentimeter breite Stacheln hat.

## *Wuchsformen und Laub*

Die Bezeichnung Kletterrose ist eigentlich irreführend, denn diese Art bildet zwar meterlange Triebe, hat aber bis auf die Stacheln keinerlei Möglichkeiten, sich festzuhalten. Das bedeutet, daß sie aufgebunden werden muß, um ihre Stütze zu bedecken. Die sogenannten „Climbing“-Rosen haben genetisch mit den Kletterrosen nichts gemein. Sie sind Zufallsmutationen anderer Rosenarten, die aber, wie andere 'Sports' auch, vermehrbar sind.

Fast alle Rosen sind sommergrün, d. h. daß sie ihre Blätter im Herbst verlieren; die immergrünen Arten sind nicht frostfest, sie werden bei uns manchmal in Gewächshäusern gezogen. Rosenlaub kann lederartig, dunkelgrün und glänzend sein, aber auch rauh an der Oberfläche und fast grau in der Farbe. Attraktiv wirken Rosen mit rötlichem, ebenfalls die Pimpinellifolien mit ihrem filigranen Laub. An der größeren Anzahl der

Fiederblättchen kann man Wildtriebe, die sich aus der Unterlage bilden können, von den Kulturtrieben unterscheiden. Trotzdem gibt es Ausnahmen von der Regel, daß Kulturrosen nur fünf Fiederblättchen besitzen. Deshalb ist zu empfehlen, etwas aufzugraben, um die Ansatzstelle zu begutachten. Wächst der Trieb unterhalb der Veredelungsstelle, kann er dicht am Wurzelhals weggeschnitten werden.

*Die Rosenblüte*

Die Blüten der Rose sind alle nach dem gleichen Schema aufgebaut: Die rundliche Verdickung am Ende eines Stiels heißt Fruchtknoten, in ihm ruhen die Eizellen der Rose, die Fruchtblätter genannt werden. Nach einer Befruchtung reifen hier die Samen aus; die rote Hagebutte stellt also nur das attraktive Gefäß dar, in dem die kleinen Saatkörner ruhen. Die Fruchtblätter bilden das untere Ende eines Stempels, der an seinem oberen Ende die sogenannte Narbe darstellt. Diese gebündelten Narben sind im Inneren der geöffneten Rosenblüte erkennbar, um sie herum stehen mehr oder weniger dicht die zarten Staubgefäße mit ihrem Pollenpuder. Rosenknospen sind von fünf Blättern umhüllt, die sich während des Aufblühens oberhalb des Fruchtknotens nach außen biegen. An der Form dieser Kelchblätter oder Sepalen erkennt man die unterschiedlichen Rosen, denn sie sind ganz arttypisch. Das gilt nicht für die Blütenblätter oder Petalen, die zwar verschieden groß und unterschiedlich gefärbt sind, aber keine eindeutige Aussage über die Rosenart zulassen.

Eine einfache, ungefüllte Rosenblüte hat – bis auf eine einzige Ausnahme – immer fünf Petalen. Locker gefüllte Rosen besitzen bis zu 20 Blütenblätter, und bei den besonders dichten Blütenrosetten lassen sich bis zu 100 zählen. Daher stammt der Name *Rosa centifolia*, das heißt hundertblättrig. Forscher haben herausgefunden, daß die Vermehrung der ursprünglich fünf Blütenblätter auf eine Umwandlung von Staubgefäßen zu Petalen zurückzuführen ist. Bei manchen halbgefüllten Rosen kann man diesen Vorgang andeutungsweise erkennen.

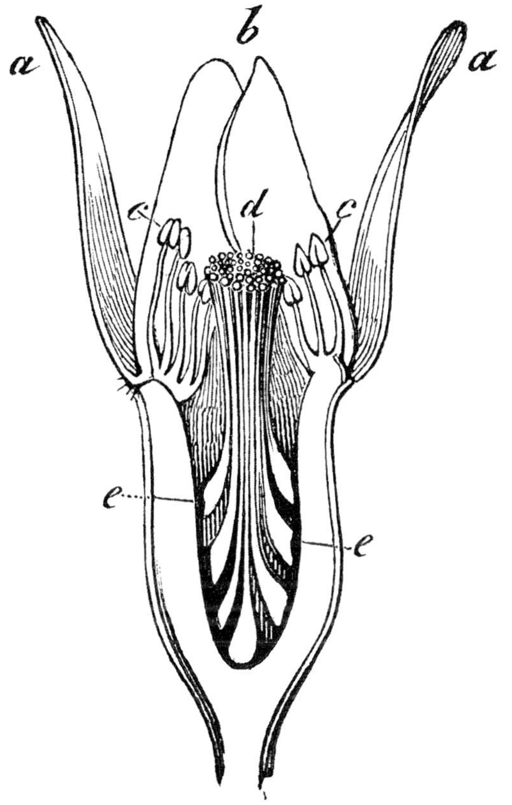


Längendurchschnitt der Rosenknospe:
a – Kelchblätter (Sepalen)
b – Blütenblätter (Petalen)
c – Staubfäden
d – Narben
e – Fruchtknoten

Eine Rose mit auffälliger Färbung ist 'Réveil Dijonnais' (oben). Sie kann bis zu drei Metern emporranken.

Die jungen Stacheln der „Stacheldrahtrose“ *Rosa sericea pteracantha* werden bis zu zwei Zentimeter breit und sind von einem durchscheinenden Erdbeer-Rot (oben). Die Strauchrose 'Henry Hudson' besitzt einen etwas altmodischen Charme (links).

Die Formen und Farben der Hagebutten sind fast so vielfältig wie die Rosenblüten. Diese längliche Art gehört zu *Rosa holodonta*, die 1903 aus China zu uns gekommen ist.

### *Die Früchte*

Viele gefüllte und öfterblühende Rosenarten bilden keine Hagebutten (sogenannte Sammelfrüchte) aus, aber alle Wild- und historischen und manche modernen Rosen tragen attraktive Früchte im Herbst. Diese Rosen kann man durch rechtzeitiges Entfernen der abgeblühten Blumen zu neuem Flor anregen, verzichtet dann allerdings auf den schönen Herbstschmuck. Auf die Frage, warum sie ihre welken Rosen nicht abknipse, antwortete eine bekannte Gärtnerin: „Ich will doch keine Rosenmaschinen in meinem Garten haben."

Die Hagebutten sind sehr unterschiedlich. Es gibt kugelrunde, schwarze ebenso wie kirschrote, flaschenförmige Exemplare. Die prallen Hagebutten der Rugosarosen leuchten wie kleine Cherry-Tomaten am goldenen Herbstlaub. Auch an den Hagebutten läßt sich die jeweilige Rosensorte feststellen.

### *Versuch einer übersichtlichen Einteilung*

Liebt man Rosen und möchte für den Garten etwas Passendes aussuchen, wird man oft durch das Vokabular und die Sortierung in den Büchern und Katalogen abgeschreckt. Als wenn es höherer Weihen bedürfe, eine Rose zu erwerben, und nicht jeder Laie einfach daherkommen könne mit dem Wunsch, eine Rose zu kaufen.

Die Zahl der Rosen und ihrer verschiedenen Arten ist durch die Einführung der Chinarosen und die folgenden Kreuzungen der Züchter unendlich gestiegen. Schon vorher war es sehr verwirrend gewesen, die Albas, Gallicas, Damaszenas und Zentifolien von den Zufallskreuzungen, Mutationen, Wildrosen und Importen sauber zu trennen. Als später die Züchtungen der Remontantrosen, Teerosen, Teehybriden, Floribundas und Polyanthas hinzukamen, blieb die Fachwelt beim Verständnis der Einteilungen nahezu unter sich. Und nicht einmal unter den Experten herrschte Einigkeit. Der für seine unverblümte Sprache bekannte große Gartengestalter und -autor William Robinson schrieb 1933: „Die versuchte Einteilung der Rosen in Teerosen, Teehybriden usw. ist verwirrend und nicht vernünftig, da es sich bei all diesen Rosen um Hybriden handelt." Jedoch wurde noch 50 Jahre später in Edel-, Floribunda- und Polyan-

Die lackroten Scheinfrüchte der Rugosahybride 'Roseraie de l'Hay' halten sich, bis sich im Herbst das Laub goldgelb gefärbt hat (oben).
*Rosa* x *micrugosa* hat schlichte, blaßrosa Blüten, aber außergewöhnlich stachelige, orange-farbene Früchte (links).

Eine hübsche, widerstandsfähige Beetrose ist 'Bonica', die gut in einer gemischten Rabatte aussieht. Hier begleitet sie ein üppiger Horst blauer *Veronica longifolia* 'Blauriesen', *Centranthus ruber, Achillea millefolium, Salvia officinalis purpurascens* und *Mentha* (oben).

Selbst wenn sie in einem extremen Winter einmal herunterfriert, treibt die Kletterrose 'New Dawn' mit doppelter Kraft wieder aus. Ihre Blüten sind porzellan-rosa gefärbt (oben).
Die duftende, goldgelbe Beetrose von David Austin wurde dem großen Rosen-Experten Graham Thomas gewidmet. Sie harmoniert besonders gut mit verschiedenen Blautönen wie denen des Ziersalbei und des Lavendel (links).

tharosen unterschieden. Die in den letzten Jahrzehnten wiederentdeckte Liebe zu den sogenannten Alten Rosen hat eine eindeutige Zuordnung auch nicht erleichtert, denn der Zeitpunkt – ab wann alt – wurde einfach auf 1867 festgelegt, als die angeblich erste Teehybride 'La France' gezüchtet worden war. Aber danach kamen weiterhin „neue" Bourbonrosen und andere Formen der früheren Rosen auf den Markt. Inzwischen gibt es Züchtungen, die in sich die Merkmale der „Alten Rosen" mit den Vorteilen der „modernen Rosen" vereinen, sie heißen Englische Rosen. Noch eine Rubrik?

Glücklicherweise hat dies alles nun ein gutes Ende gefunden. In der neuen Rosenfibel des Vereins Deutscher Rosenfreunde e. V. heißt es klar und deutlich: „Da gab es noch vor zwei Jahren sehr verwirrende Begriffe, die inzwischen abgeschafft sind, so daß wir uns auf sechs Gruppen beschränken können."

1. *Beetrosen:* Mittelgroße und kleine Sträucher, die von Natur ungefähr einen Meter groß werden, oftmals aber kleiner sind oder sich durch Schnittmaßnahmen auf die gewünschte Größe beschränken lassen. Die Blüten sind zu mehreren an einem Trieb, dolden- oder rispenförmig angeordnet; die neueren Züchtungen sind fast alle Polyantharosen. Beetrosen können als Hochstammrosen veredelt werden. Manchmal werden die Gruppen 2. Edelrosen und 5. Miniaturrosen hier eingeordnet, da sie ebenfalls in Beete zwischen andere Pflanzen passen; einige historische und Englische Rosen von niedrigem Wuchs gehören auch hierher.

Die Blütenform der Edelrosen – auch Teehybriden genannt – ist länglich und schmal. Diese lachsrosa Sorte heißt 'Ave Maria'.

2. *Edelrosen:* Früher hießen sie Teehybriden. Sie zeichnen sich durch große, einzeln stehende Blüten aus, die an längeren Stielen wachsen. Sie haben einen aufrechten Wuchs von ungefähr ein Meter Höhe. Auch Edelrosen eignen sich zur Hochstammzucht.

3. *Strauchrosen:* Dies sind Sträucher, die ein bis drei Meter in die Höhe wachsen können. Sie brauchen nicht unbedingt beschnitten zu werden, je nach ihrer Größe passen sie in Rabatten, machen sich jedoch auch in Hecken oder als Solitäre auf der Wiese gut. In dieser Gruppe findet man viele historische Rosen. Sie blühen nur einmal im Jahr und bilden Hagebutten. Neuere Züchtungen von Strauchrosen erfordern gewisse Schnittmaßnahmen, sie blühen dafür aber öfter. Die meisten Englischen Rosen gehören zu dieser Gruppe, und von der

Niedrige Beet- und Bodendeckerrosen – vorne 'The Fairy' – füllen mit Buchs gefaßte Flächen reizvoll aus. Im niederländischen Rhulenhof gibt es verschiedene Beispiele dafür.

'Rugolda' heißt auch 'Golden Days' und ist durch die rote Färbung der äußeren Petalen eine moderne, sehr attraktive Edelrose (oben).

Die reizende Zentifolie 'Blanchefleur' ist eine niedrige Strauchrose des französischen Züchters Vibert, die nicht höher als 1,50 Meter wird. Daher paßt sie auch in eine Blumenrabatte (oben).
Die weiße Rose 'Winchester Cathedral' ist ein schönes Beispiel für die Englischen Rosen von David Austin. Duftend und altmodisch gerüscht ist sie gesund und blüht unermüdlich. Hier erhebt sie sich als Hochstammrose über einer Staudenrabatte mit einer *Hydrangea* 'Annabelle', Euphorbien, Frauenmantel, Ananasminze und rechts oben nicken die zartgelben Blüten von *Cephalaria gigantea* (links).

Wie eine rosarote Wolke schweben die Blüten dieser modernen Kletterrose über den Säulen des weißen Hauses. Sie heißt 'Pink Cloud' und muß regelmäßig stark beschnitten werden, damit sie ihre kompakte Form behält.

Wuchsform her könnten auch Wildrosen hier eingeordnet werden.

4. *Kletterrosen:* Rosen, die extrem lange Triebe entwickeln, nennt man Kletterrosen. Sie benötigen einen Halt, an dem sie mehrmals angebunden werden müssen, denn die Natur hat sie nicht mit Haftscheiben, Ranksprossen oder der Fähigkeit, sich um etwas herumzuwinden, ausgestattet. Sie werden nochmals in zwei Kategorien geteilt, nämlich 1. die Ramblerrosen mit langen, biegsamen Trieben, kleinen, oft einmal blühenden Blütenbüscheln und erstaunlichen Höhenleistungen von bis zu neun Metern und 2. die Kletterrosen, die nicht so hoch werden, einen steifen, aufrechten Wuchs haben und deren Blüten oft Edelrosen ähneln. Sie sind in der Regel öfterblühend. Rambler werden meist nur ausgelichtet und sind ihrer Wildform ähnlich, während die Kletterrosen formale Rückschnitte vertragen und sich etwas langsamer aufbauen. Es gibt natürlich Überschneidungen, und nicht alle Rosen lassen sich so eindeutig zuordnen. Ebenso findet man in dieser Rubrik die „kletternden" Sports anderer Rosensorten, die sogenannten Climbing-Rosen. Dünntriebige Kletterrosen mit hängendem Habitus können zu „Trauerrosen" auf Hochstämme veredelt werden.

Die einzelnen Blüten der Miniaturrose 'Laura Ford' sind edelrosenförmig. Ihre zarte Schönheit zeigt sich nur in der Nähe, deshalb ist sie z. B. ideal für den Balkonkasten.

5. *Miniaturrosen:* Das sind Rosen, die nicht größer als ungefähr 30 Zentimeter werden. Hier gibt es viele Neuzüchtungen, denn für Balkons sind sie ideal. Ihre Blüten sind oft nur fingerhutgroß und teilweise so edel geformt wie bei den Teehybriden.

6. *Bodendeckerrosen:* Alle Rosen dieser Kategorie wachsen flach, einige durch Wurzelausläufer, andere legen ihre Triebe gerne auf den Boden. Wenn man eine Sorte zur Befestigung von Hängen sucht, muß man auf diese Unterschiede achten. Viele Beet- oder Strauchrosen, die nicht aufrecht, sondern in die Breite wachsen, werden hier eingeordnet.

## *Namensgebung*

Diese Einteilung nach Wuchsformen bedeutet jedoch nicht, daß alte Bezeichnungen völlig wegfallen. Die Herkunft und Geschichte einer Rose sollen erkennbar, die Poesie der alten Familiennamen erhalten und botanische Unterschiede deutlich bleiben. Dafür sorgen die Namen und Beschreibungen der Rosen innerhalb dieser sechs Gruppen.

Nach dem Linnéschen System wird zuerst der Gattungsname *Rosa* genannt. Dann folgt die Art, z. B. *gallica*. Oft erscheint hinter der Art der Name des Botanikers, der die Pflanze entdeckt hat, oder die Art selbst wird latinisiert mit dem Namen des Pflanzenjägers bezeichnet, beispielsweise nach dem Engländer Wilson *wilsonii*. Wenn es sich um eine natürliche Varietät oder Form einer Art handelt, wird das durch die Abkürzung var. oder f. gekennzeichnet: *Rosa gallica* var. *officinalis*. Ist die Art eine Hybride aus zwei eigenständigen Arten, so wird dies durch das Kreuzungszeichen deutlich gemacht: *Rosa* x *damascena*, welche sich ja vor Jahrhunderten aus einer natürlichen Kreuzung zwischen einer *Rosa gallica* und *Rosa moschata* (oder *Rosa phoenicia*) gebildet hat. Züchtungen, die durch Kreuzungen oder die Vermehrung einer Mutation (Sport) entstehen, erhalten dann Namen, wie 'Cardinal de Richelieu' (*Gallica*-Hybride), oder 'Versicolor' (eine Mutation von *Rosa gallica* var. *officinalis*).

In modernen Rosenkatalogen sind die Rosen innerhalb der Gruppen nach ihren Namen in alphabetischer Reihenfolge geordnet. Es folgen der Name des Züchters und ihr Entstehungsjahr, Blütenform, Höhe und unter „Bemerkungen" die botanische Herkunft und besondere Eigenschaften, z. B.: Strauchrosen: Cardinal de Richelieu – Laffay, 1840 – dunkel-purpur, gefüllt, einmalblühend – 120 Zentimeter – *Gallica*rose, außergewöhnliche Farbe, graues Laub.

'Cardinal de Richelieu' ist eine Gallica-Züchtung aus dem Jahre 1840. Der Farbton der Klematis 'Ville de Lyon' unterstreicht das besondere Aussehen der Rose.

### *Schnittrosen*

Mit einzelnen Blüten an einem aufrechten Stiel stehen Rosen im Blumengeschäft und warten auf ihre Käufer. Ohne Namen, oft ohne Duft und nie ballförmig gefüllt, scheinen sie mit den Gartenrosen überhaupt nicht verwandt zu sein. Aber ihre Andersartigkeit verdanken sie der intensiven Arbeit desselben Züchters, der auch unsere Gartenschönheiten hervorgebracht hat. Ganz zielgerichtet werden sie für ein Dasein in der Vase nach Stiellänge, Farbe und Krankheitsanfälligkeit selektiert. Nach der ersten Ernte beurteilt der Züchter dann die Haltbarkeit, die Transportfähigkeit und den Arbeitsaufwand, um die Chancen der Vermarktung abschätzen zu können. Fünf Jahre dauert der Züchtungsprozeß. Danach wird die Akzeptanz beim Verbrau-

Die elegant gefalteten Blütenblätter der Englischen Rose 'Leonardo da Vinci' dokumentieren den Charme dieser neuen Rosenart des Züchters David Austin.

Durch einen Strauch der Alten Rose 'Stanwell Perpetual' webt sich die großblumige Klematis 'Snow Queen'. Beide vertragen sich gut miteinander, und die mageren Klematisranken werden durch das üppige Blattwerk der Rose verdeckt (oben).

Die Englische Rose 'Constance Spry' (oben) ist eine moderne Züchtung, die den Zauber einer Alten Rose besitzt. Sie gleicht ein wenig ihrem historischen Vorbild, der duftenden Schönheit 'Fantin-Latour' (rechts), die den Zentifolien zugerechnet wird, obwohl außer über deren Herkunft um 1900 sonst nichts Genaues bekannt ist. Im Hintergrund nicken die Köpfe der weißen Akelei 'Kristall'.

cher geprüft, indem die Rose in großen Mengen auf einer Auktion für Wiederverkäufer angeboten wird.

Ist die Nachfrage zufriedenstellend, gibt man die Rose zum Anbau frei, d. h. die Lizenz für die Vermehrung wird an kommerzielle Schnittrosen-Anbaugebiete verkauft. Natürlich haben diese Rosen auch Namen, aber sie sind nur dem Züchter und dem Anbaubetrieb bekannt. Weder bei den Auktionen noch auf dem Blumengroßmarkt oder im Geschäft tauchen sie auf.

Namenlose Pracht in dicken Bündeln, so präsentieren sich Schnittrosen auf dem Wochenmarkt. Für ihre Anzucht wurde viel Mühe aufgewandt, und zunehmend werden auch altmodisch wirkende Sorten angeboten. Begehrt sind im Sommer die robusten Freilandrosen.

Der Anbau von Schnittrosen geschieht in riesigen Gewächshäusern, in denen fast überall schon Computer die Bewässerung, die Temperatur und das Licht regeln. Gegen Schädlinge und Krankheiten wird flächendeckend gespritzt, neuerdings arbeitet man in manchen Betrieben auch mit sogenannten Nützlingen. Das sind Insekten, die sich von den Schädlingen der Rosen ernähren und somit für deren Dezimierung sorgen. Besonders Schnittrosenimporte können bedenklich hohe Schadstoffreste auf Blüten und Blättern enthalten, da in den Herkunftsländern andere Vorschriften gelten als bei uns. Das größte zusammenhängende Anbaugebiet für Blumen in Deutschland liegt in den Vierlanden, vor den Toren Hamburgs. Aber die Konkurrenz im Schnittrosenanbau ist groß. Besonders Länder mit wärmerem Klima und niedrigen Löhnen – Israel, Kolumbien, Kenia und Simbabwe – können ihre Produkte trotz des teuren Transports mit Flugzeugen relativ preisgünstig anbieten. Dagegen versucht man sich hier durch verstärkte Automation zu helfen, wie z. B. mit Sortier- und Bündelmaschinen. Aber das meiste bleibt doch Handarbeit, nämlich das Veredeln der Wildunterlagen mit der Zuchtrose, das Ausbrechen seitlicher Knospenansätze – um eine Einzelblüte auf einem Stiel zu erhalten – und das Schneiden.

„Der Schnittrosenhandel ist, was die Rosenmode anbetrifft, ausgesprochen reaktionär. Er beharrt bei der Mode um die Jahrhundertwende: steil und steif. Wenn es aber erst soweit ist, daß die gefüllte und duftende Kugelrose hohe Mode ist, dann wird man sich auch beeilen, die Treibhäuser anders, vor allem reichhaltiger, zu besetzen." Das schrieb Alma de l'Aigle in ihrem Buch „Begegnungen mit Rosen" im Jahre 1957. Leider gilt ihre Aussage über 40 Jahre später immer noch, obwohl bei den Gartenrosen die Vorliebe für die gefüllten, duftenden Kugelrosen längst Wirklichkeit geworden ist.

Ein unvergänglicher Klassiker ist die kirschrote Edelrose. Die großblumige 'Nicole' eignet sich sehr gut zum Schnitt. Sie hat als Besonderheit eine helle Außenfärbung der Blütenblätter.

# *Hundert Rosen – von 'Albéric Barbier' bis 'Zwergkönig'*

Der Garten einer alten Abtei in Hampshire, England, die der Denkmalschutzstiftung National Trust gehört, ist gefüllt mit alten und seltenen Rosen. „Mottisfont Abbey" wurde von dem Rosen-Experten Graham Stuart Thomas erst vor einigen Jahren gestaltet und ist seitdem zu einem Mekka für Rosenliebhaber geworden. In diesem Garten blühen im Vordergrund rosa 'Duchesse d'Angoulème', blutrote 'Nestor' und rosarote dichtgefüllte 'Cramois Picoté'. Über der Bank im Hintergrund leuchtet die Rose 'Adelaide d'Orléans'.

Es ist wohl kaum möglich und noch weniger sinnvoll, alle Rosen zu beschreiben, die es gibt. Außer den über 6000 eingetragenen Züchtungen wären da noch die Wildrosen, ihre Zufallssämlinge und manche niemals in den Handel gelangten Exemplare der Rosenzüchter zu berücksichtigen. Im Laufe ihrer Geschichte hat es Rosen gegeben, von denen keiner mehr etwas weiß, manche beliebte Sorte früherer Jahrhunderte ist längst in Vergessenheit geraten, und neue Züchtungen werden schnell von der Mode überholt. Dann findet man sie in den Katalogen nicht mehr, und nur durch ein persönliches Gespräch mit Mitarbeitern einer Rosenschule ist die eine oder andere als Restbestand zu ergattern.

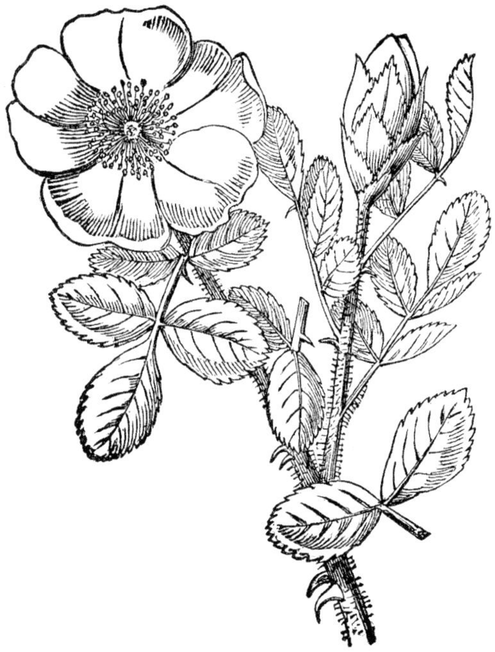

Für manchen Menschen ist sie der Inbegriff seiner Rosenliebe: die einfache Blüte einer Wildrose, wie dieser *Rosa bracteata*. Eine goldene Staubfaden-Krone wird von porzellan-rosa Petalen umkränzt.

Eine überschaubare Auswahl unter den heute erhältlichen Rosen zu treffen ist deshalb eine sehr persönliche Angelegenheit, denn die Meinungen über Rosen sind so vielfältig wie die Blume selbst. Manchem geht das Herz auf beim Anblick einer einfachen, fast durchsichtigen rosa Einzelblüte an einem Wildrosenstrauch, andere werden von der Eleganz einer dunkelroten Teehybride betört. Viele Rosen sind erfolgreich, weil sie verschwenderisch austreiben und ihre Wirkung im Garten auch von Ferne so üppig ist, im kleinen Garten oder auf dem Balkon zählen dagegen der rundliche, kompakte Wuchs oder die Einzelblüte. Wenn eine Rose die Fähigkeit besitzt, Verblühtes abzustoßen, sagt man: „Sie putzt sich selbst.“ Für viele Gartenbesitzer ist das ein erheblicher Pluspunkt. Und der Duft natürlich! Es gibt Menschen, die Rosen ohne Duft einfach indiskutabel finden – was wiederum ein Jammer ist wegen der bildschönen, duftlosen Remontantrosen unserer Urgroßmütter.

Die folgenden hundert Rosen sind sowohl wegen ihrer Geschichte, aber auch nach Bekanntheit und Beliebtheit ausgewählt worden. Sie stammen aus den verschiedenen großen Rosenfamilien und sind in der neuen Ordnung nach ihrer Wuchsform sortiert. Innerhalb der sechs Rubriken findet man Alte Rosen, Teehybriden und Englische Rosen. Nur die Wildrosen, die, in die Landschaft eingebettet, als einzelner Strauch oder in der Hecke einen ganz eigenen Charakter haben, sind gesondert aufgeführt. Alle genannten Rosen sind für mitteleuropäisches Klima geeignet, grundsätzlich schadet ihnen Frost nicht.

Während der ganzen Rosensaison bringt dieser große Strauch 'Red Coat' unermüdlich seine zart duftenden, hellroten Blüten hervor. Die zarte weiße Nachbarin ist eine Rose 'Weiße Immensee'. Rosenpracht im Überfluß, so wird für manchen diese Pflanze erst akzeptabel.

Edelrosen tragen ihre Bezeichnung zu Recht. Diese Meilland-Züchtung 'Manou Meilland' ist eine elegante Erscheinung in Himbeerrosa (oben).

Auch 'Blue River' gehört zu den extravaganten Teerosen. Ihr kräftiges Mauve verblaßt später zu einem bläulichen Rosa (oben).
Die edel geformten Blüten der Teehybride 'Landora' bilden eine Farbwolke aus Pastelltönen. Der sanfte Verlauf von Dottergelb bis zu den rosig überhauchten Außenpetalen ist besonders fein (links).

# Beetrosen

### *Apricot Nectar*

von Boerner/Jackson aus dem Jahr 1965 ist eine sehr ausdauernde, widerstandsfähige Floribunda-Beetrose, die von Juni bis Oktober ihre eleganten, locker gefüllten aprikosenfarbenen Blüten hervorbringt. Besonders die Fülle im Herbst ist bemerkenswert. Sie verströmt einen noblen Teerosenduft und hat glänzendes dunkelgrünes Laub. Höhe 80 cm, Breite 60 cm.

### *Betty Prior*

ist eine Polyantharose aus dem Jahr 1935 von den Züchtern Prior & Sons. Sie wird nicht höher als ein Meter, ihr Platzbedarf beträgt 45 Zentimeter, und sie eignet sich gut für ein Staudenbeet, denn sie wächst aufrecht und blüht dauerhaft und reichlich. Ihre ungefüllten Blüten sitzen in Büscheln an rötlichen Trieben und sind außen karminrosa, innen werden sie heller. Leider duftet sie nicht, putzt sich aber selbst und verträgt einen Regenschauer.

## *Bonica '82*

gezüchtet von Meilland 1981, wird manchmal auch als Bodendeckerrose geführt, denn sie wächst breit und buschig, ihre seitlichen Triebe liegen auf dem Boden auf. Sie wird 75 Zentimeter hoch und 45 Zentimeter breit und blüht ununterbrochen in einem warmen Rosa. Die Blüten sind in Büscheln angeordnet, klein und gefüllt, das schöne Laub ist dunkel und glänzend, und sie eignet sich auch gut als Hochstammrose, duftet aber nicht.

## *Cécile Brunner*

1881 von Pernet-Ducher auf den Markt gebracht, ist eine Zwerg-Polyantha, die 90 Zentimeter hoch wird. Ihre kleinen, feinen, teerosenförmigen Blüten sind nur kirschgroß, sie wird auch zu den Miniaturrosen gerechnet. Öfterblühend, schwach duftend und von zartem, blassem Rosa, ist sie ein beliebtes Gartenschätzchen und eignet sich ideal fürs Knopfloch. Sie ist auch in Kletterform erhältlich.

## *Centenaire de Lourdes*

heißt eine etwas größere Beetrose, die aber durch Schnittmaßnahmen gut auf einen Meter gehalten werden kann. Sie wurde 1958 von Delbard-Chabert präsentiert. Die Blüten sind in Büscheln angeordnet, intensiv rosa, leicht gefüllt und duftend. Sie bringt bis in den Spätherbst immer neue Blüten hervor und trägt danach hübsche ovale Hagebutten. Sie sollte bei größeren Stauden oder Sträuchern stehen, ihr Platzbedarf liegt bei 120 Zentimetern.

### *Eden Rose '85*

wird auch als Strauchrose geführt, ist aber nur ungefähr 120 Zentimeter hoch und wird 100 Zentimeter breit, deshalb paßt sie gut ins Staudenbeet. Sie bringt den ganzen Sommer unermüdlich stark gefüllte große Blütenbälle hervor, deren Tönung von außen champagnerfarben bis zur dichten Mitte in kräftigem Rosa verläuft. Sie duftet lieblich und ist eine zauberhafte Vertreterin der romantischen Neuzüchtungen von Meilland aus dem Jahre 1985.

### *English Garden*

ist eine öfterblühende kleine Englische Rose, 1986 von Austin gezüchtet, die in Deutschland auch 'Schloß Glücksburg' genannt wird. Die bernsteinfarbenen Blüten sind rosettenförmig dichtgefüllt und verblassen nach außen zu zartem Vanillegelb. Sie duftet wie eine Teerose und hat hellgrüne Blätter. Der aufrechte, strauchige Wuchs von nicht mehr als einem knappen Meter macht sie zu einer idealen Beetrose.

### *F. J. Grootendorst*

1918 von de Goey gezüchtet, merkt man die *Rugosa*-Herkunft an. Sie wächst als mittelgroßer Strauch mit einer Höhe von 150 Zentimetern, ist kräftig und gut mit dunkelgrünen Blättern belaubt. Ihre karminroten Blüten duften nicht, blühen jedoch reichlich, wiederholt und sehr lange in üppigen Büscheln. Das Besondere an ihnen ist, daß die Petalen (Blütenblätter) Ränder haben wie bei einer Federnelke. Das wirkt sehr zierlich und apart. Keine großen Unterschiede – bis auf die Farbe – weisen 'Pink Grootendorst', 'Grootendorst Supreme' und 'White Grootendorst' auf.

*Gruß an Aachen*

Ihr Züchter hieß Geduldig, und sein Produkt von 1909 ist eine der schönsten Polyantharosen geworden. Ihr rundlicher Busch bringt unermüdlich rosa Blüten mit cremefarbener Basis hervor, die leicht nach Äpfeln duften. Sie wird nur ca. 50 Zentimeter hoch und ebenso breit, dadurch paßt sie gut in den Vordergrund von Rabatten. Ihr Laub ist schlank gefiedert. Es gibt auch eine weiße und eine rosafarbene 'Gruß an Aachen', die jeweils eine Farbnuance ihrer Mutterpflanze stärker ausgebildet haben. Der Züchter Austin ordnet sie sogar den Englischen Rosen zu, denn sie blüht mehrfach und hat das Erscheinungsbild einer Alten Rose.

*Little White Pet*

wurde 1879 von Henderson entdeckt. Sie ist ein öfterblühender, zwergenwüchsiger Sport der alten Kletterrose 'Félicité et Perpétue' und hat alle guten Eigenschaften, die man sich wünschen kann. Sie duftet, ist winterhart und gesund. Ihre Wuchsform ist ebenmäßig rundlich, 60 Zentimeter hoch, 75 Zentimeter breit. Die Blüten sind reinweiß, pomponartig an dichten Büscheln und gut gefüllt. Sie ist eine ideale Randbepflanzung, eignet sich aber auch für Töpfe. Sie ist auch als Hochstammzüchtung erhältlich.

*Margaret Merril*

ist eine verhältnismäßig neue Rose des Züchters Harkness von 1978. Die feinen weißen Blüten haben einen rosa Hauch, sind halbgefüllt, und ihre goldene, offene Mitte schaut den Betrachter wie eine kleine Sonne an. Ihr Duft ist ausgesprochen intensiv, das Laub dunkelgrün und gesund. Sie wird 70 Zentimeter hoch und wächst 35 Zentimeter in die Breite. 'Margaret Merril' ist eine besonders erlesene öfterblühende Floribunda, die auch in einem Kübel wunderschön aussieht.

### *Mevrouw Nathalie Nypels*

wurde von dem Holländer Leenders 1919 eingeführt. Sie ist eine ideale Beetrose, ein Meter mal ein Meter im Wuchs und ausgesprochen reichblühend, besonders im Spätsommer. Die gutgefüllten Blüten sind dunkelrosa mit gelblicher Basis, sie werden im Verblühen heller und duften zart. Attraktiv sind auch die rötlichen Triebe und das glänzende Laub.

### *Pink Meidiland*

ist eine erfolgreiche Neuzüchtung von Meilland aus dem Jahr 1984. Sie ist „bodendeckend", ihre Triebe hängen leicht gebogen nach außen, und sie bildet einen hübschen Busch von ca. 90 Zentimeter Höhe. Die Blüten sind ungefüllt, hell-lachsrosa mit weißem Grund und goldenen Staubfäden. Sie ist ein Dauerblüher ohne Duft, aber durch ihren Wuchs und die reizvolle Blütenfarbe eine attraktive Beetrose.

### *Queen Elizabeth*

1954 von Lammerts gezüchtet, ist eine typische Floribundarose. Ihre edelrosenähnlichen großen Blüten sind zu wenigen in lockeren Büscheln geordnet. Sie wächst aufrecht bis zu 180 Zentimeter hoch und verkahlt leicht am unteren Teil, deshalb sollte sie im Hintergrund einer Rabatte stehen. Das Laub ist kräftig, dunkelgrün bis rötlich und recht groß. Sie blüht ununterbrochen, duftet jedoch kaum. Diese Rose ist wunderbar für die Vase geeignet.

### *Rose de Resht*

Ihre Entstehung ist ebenso unbekannt wie der Weg, auf dem sie aus ihrer persischen Heimat nach Europa kam. Dort soll sie aber seit Urzeiten kultiviert worden sein. Manche ordnen sie als Portlandrose ein, denn sie blüht wiederholt und hat einen etwas steifen, aufrechten Wuchs. Ihre Blütenfarbe – Magenta – läßt sie auch als *Rosa* x *damascena* var. *semperflorens* gelten. Auf jeden Fall ist sie eine Kostbarkeit: wunderbar duftend, gesund, frostfest mit dichtem, dunklem Laub, über dem die kleinen, dichtgefüllten Rosettenblüten mit ihrer starken Farbe leuchten. Sie wird ungefähr einen Meter hoch und ist ebenso breit. Vereinzelt schießt sie allerdings sehr viel stärker in die Höhe.

### *Schneewittchen*

eine Züchtung von Kordes aus dem Jahr 1958, wird im Ausland als 'Iceberg' und 'Fée des Neiges' gehandelt. Sie ist eine unentbehrliche Rose, von lockerem, aufrechtem Wuchs, 120 Zentimeter hoch. Das gesunde Laub ist hellgrün und leicht glänzend. Die Knospen zeigen sich grünlich-weiß mit rosigem Schimmer; wenn sie aufblühen, werden sie schneeweiß. Die Blüten sind gefüllt, aber ihre grün-gelbliche Mitte ist gut sichtbar. 'Schneewittchen' duftet nur zart, blüht unglaublich reichlich und lange, putzt sich selbst und verträgt Regen. Es existieren auch gute Hochstammzüchtungen.

### *The Fairy*

ist zu Unrecht durch den massenhaften Einsatz als „Straßenbegleitgrün" in Verruf geraten. Bentall brachte sie schon 1932 heraus, seitdem wird sie sehr viel verwendet. Der einzelne Busch wird einen halben Meter hoch und mit seinen überhängenden, bogigen Trieben braucht er doppelt so viel Platz. Deshalb wird 'The Fairy' manchmal den Bodendeckern zugeordnet. Die kleinen pomponartigen, gefüllten Blüten sind zartrosa. Sie blüht außerordentlich reichlich bis in den späten Herbst hinein. Die Blätter sind winzig und geben der Rose ein filigranes Aussehen. Sie duftet leicht und fügt sich gut zwischen Lavendel und Katzenminze ein. Nach einem Regenschauer ist sie eine Weile etwas unansehnlich, weil sie sich nicht selbst putzt.

# Edelrosen

## *Chrysler Imperial*

Mit ihren großen, edel geformten Blüten in einem samtigen Schwarzrot ist sie der Inbegriff einer perfekten Teehybride, dabei duftet sie zuverlässig „weinig, rose-rouge mit einem Hauch Glühwein-Gewürz" – sagt Alma de l'Aigle. Die Blüten stehen einzeln an den aufrechten Trieben, sie wird bis zu 120 Zentimeter hoch und hat mittelgrünes Laub. Sie gehört zu den öfterblühenden Rosen.

## *Frau Karl Druschki*

ist eine Remontantrose, d. h. wiederholt blühend, von Lambert aus dem Jahre 1901. Damals war sie eine Sensation, mit ihren schneeweißen, riesigen gefüllten Edelblüten, die allerdings völlig duftlos sind. Die äußeren Petalen haben ganz außen manchmal einen feinen roten Rand. Ihr dichtes Laub ist dunkelgrün, sie hat einen kerzengeraden Wuchs und ist robust. Ihr Aussehen und ihr Name lassen an eine füllige Dame in weißem Satin denken.

*Gloria Dei*

– Ruhm Gottes – ist wohl die beliebteste und bekannteste Rose überhaupt. 1936 unter dem Namen 'Mme A. Meilland' von Meilland gezüchtet, erhielt sie nach dem Krieg in den USA den Namen 'Peace' und trat dann ihren Triumphzug durch alle Länder an. Sie wächst über 120 Zentimeter gerade in die Höhe, ist öfterblühend, hat großes, glänzendes, dunkelgrünes Laub und ist sehr krankheitsresistent. Ihre Blüten sind groß, dichtgefüllt und duften kaum, aber die Färbung entschädigt dafür reichlich. Die Knospen sind dunkelgelb mit purpurroten Streifen, und im Aufblühen ändert sich das Gelb von pfirsich- bis cremefarben, während die roten Tuschzeichnungen je nach Laune und Witterung kräftig bleiben oder langsam verblassen. Sie ist auch als Climbing-Sport erhältlich.

*Just Joey*

wurde 1972 von Cants eingeführt und war 1995 in Deutschland Rose des Jahres. Sie hat elegante schmale Teehybriden-Blüten in einer Farbmischung aus Kupfer und Aprikose, die einzelnen Blütenblätter sind am Rande leicht gerüscht. Sie bildet hübsche öfterblühende Sträucher, die 75 Zentimeter hoch und etwas breiter sind. Die mattgrünen Blätter harmonieren gut mit den Blüten.

*Mme Caroline Testout*

erstmals präsentiert von Pernet-Ducher 1890, war ebenfalls eine Lieblingsrose. Ihre Blüten sind mit denen von 'La France' vergleichbar, ihr Duft ist allerdings unbedeutend. Sie ist sehr kräftig und robust, wächst aufrecht bis zu 150 Zentimeter Höhe und blüht wiederholt in üppiger Pracht sehr zuverlässig. Es gibt von ihr einen schönen Climbing-Sport, der alle ihre guten Eigenschaften mitbringt und ca. 3,50 Meter hoch wird.

## *Mainzer Fastnacht*

ist eine Erfolgszüchtung von Tantau. Sie löste bei ihrem Erscheinen 1964 eine kleine Sensation aus. Ihre Farbe ist ein sehr zartes silberblaues Rosa, sie wird in England treffend 'Blue Moon' genannt. Ihre edlen Blüten stehen an aufrechten Trieben und verströmen einen guten Edelrosenduft. In ihrem Habitus ähnelt sie der 'La France', Urmutter aller Teehybriden. Aber sie ist öfterblühend, winterhart, sehr robust und erreicht eine Höhe von 80 Zentimetern.

## *Sutter's Gold*

ist eine edle Teehybride von 1950, Züchter ist der Amerikaner Swim. Ohne Stacheln, reich- und öfterblühend und von erlesener Farbe, ist sie eine beliebte Schnittblume geworden. Die Blüten sind im Anfangsstadium orange-rot mit rötlichen Sprenkeln oder einem roten Hauch. Sie entwickeln sich zu einem satten Goldton und duften, dazu passend, ein wenig nach Mandarine. Ihre Höhe beträgt ca. 120 Zentimeter.

## *Whisky*

von Tantau 1967 öfterblühend gezüchtet, ist wegen ihrer bernsteingelben Färbung zu einem Publikumsliebling geworden. Die Knospen sind orangefarben und öffnen sich groß und gut gefüllt in einem hellen, goldbraunen Ton. Heute hat sich die Mode wieder gewandelt, und Rosa, Mauve und Weiß sind gefragt. Trotzdem sollten die schönen, bronzefarbenen Rosen, wie 'Whisky', 'Just Joey' und 'Sutter's Gold' in einer Rabatte mit warmen Farben – der sogenannten „hot border" – auf keinen Fall fehlen. In der „Langage des Fleurs" – der Sprache der Blumen – von einer gewissen Madame de la Tour aus dem 19. Jahrhundert, bedeuten gelbe Rosen abnehmende Zuneigung oder sogar Untreue, rote Rosen sind dagegen Zeichen der erfüllten Liebe. Die Melange aus beiden Farben war damals noch nicht bekannt; was hätte Madame wohl dazu gesagt?

# *Strauch-rosen*

## *Alchymist*

paßt so richtig in keine Kategorie, sie ist ein kräftiger aufrechter Strauch von zwei Meter Höhe, kann aber auch wie eine Kletterrose aufgebunden bis zu drei Metern hoch wachsen. Kordes brachte sie 1956 auf den Markt, ihre rosettenförmigen Blüten sind rüschig gefüllt wie bei einer Alten Rose. Wie diese blüht sie auch nur einmal im Jahr, dann aber reichlich und mit schönem Duft. Ihr Laub ist dunkelgrün bis rötlich und glänzend, die Blütenfarbe ist Goldgelb mit einem rötlichen Hauch. Besonders schön kommt sie vor roten Backsteinmauern zur Geltung.

## *Baron Girod de l'Ain*

ist eine Remontantrose, d. h. wiederholt blühend, des Züchters Reverchon von 1897. Diese Alte Rose wird nicht sehr groß, höchstens 120 Zentimeter hoch und nimmt mit 90 Zentimetern nur wenig Platz in Anspruch. Sie hat seit ihrer Einführung nicht an Beliebtheit verloren, denn die karminroten Blüten sind dicht gefüllt mit gerüschten Petalen, die zarte weiße Ränder haben. Dazu paßt das kräftige dunkelgrüne Laub.

*Blanc Double de Coubert*

1892 von Cochet-Cochet auf den Markt gebracht, ist eine kräftige *Rugosa*hybride mit großen, schneeweißen, leicht gefüllten Blüten, die einen wunderbaren Duft verströmen. Ihr Wuchs ist ebenmäßig rundlich, sie wird bis 180 Zentimeter hoch und ist in jeder Beziehung perfekt: robust und gesund, lange blühend, und im Herbst färbt sich das Laub goldgelb. Das ist eine entzückende Umrahmung für die runden, roten Hagebutten.

*Boule de Neige*

ist ebenfalls weiß, die Knospen sind jedoch karmesinrot gefärbt. Die Blüten öffnen sich üppig gefüllt und biegen sich wie zu einer weißen Puderquaste um. Sie duften gut. Diese öfterblühende Bourbonrose des Züchters Lacharme aus dem Jahr 1867 ist eine wunderbare Alte Rose. Sie wird ungefähr 150 Zentimeter hoch, wächst schlank und aufrecht und fühlt sich in lichtem Halbschatten wohl. Durch ihr dunkelgrünes Teerosenlaub wirkt sie sehr elegant.

*Buff Beauty*

ist eine wiederholt blühende alte Moschata-Züchtung von ungewisser Herkunft. Sie wird als „Pemberton-Rose“ geführt, da dieser englische Rosenzüchter sie 1939 vorgestellt hat. Die Blütenbüschel sind dicht gefüllt und von dunklem Gelb, das im Aufblühen zu Cremeweiß verblaßt. Sie besitzt einen typischen Teerosenduft. Ihr Wuchs ist etwas überhängend, das dunkelgrüne Laub dicht, die Höhe beträgt ungefähr 160 Zentimeter. Wenn sie regelmäßig beschnitten wird, kann man sie gut in einem großen Kübel halten.

## *Cardinal de Richelieu*

wurde von Laffay 1840 eingeführt. Sie ist eine einmalblühende *Gallica*rose, obwohl sie von der Blütenform und ihrem Duft her auch eine Zentifolie sein könnte. Sie ist locker aufgebaut, 150 Zentimeter hoch und fällt leicht auseinander, deshalb sollte sie frei stehen und einen regelmäßigen Korrekturschnitt erhalten. Das Laub ist mattgrün. Sensationell ist ihre Blütenfarbe, die Knospen sind von einem mauvefarbenen Rosa und entfalten sich zu dichtgefüllten, kleinen Blüten in dunklem Purpur. Die Petalen biegen sich nach außen und bilden – voll erblüht – einen sorgfältig geschichteten Pompon wie aus verblichener alter Seide. Der Duft ist geheimnisvoll harzig.

## *Charles Austin*

heißt die kräftige, 160 Zentimeter hohe Strauchrose des gleichnamigen Züchters aus dem Jahr 1973. Sie ist eine Englische Rose, die remontiert, d. h. sie blüht zuverlässig ein zweites Mal im Herbst. Ihr Laub ist groß und dunkelglänzend; auch sie sollte regelmäßig gestutzt werden, damit ihre Wuchsform hübsch bleibt. Die Blüten haben eine wundervolle Aprikosenfarbe, sind gut gefüllt und duften angenehm fruchtig.

## *Chianti*

ist eine Strauchrose, die allein stehen sollte. Ihr Wuchs ist ebenmäßig, breit ausladend, und sie kann fast 180 Zentimeter hoch werden. Sie ist eine Austin-Rose aus dem Jahr 1967, eine einmalblühende Kreuzung aus der alten *Gallica* 'Tuscany' und einer Floribundahybride. Die großen Blüten sind dichtgefüllt und haben, wie ihr Name sagt, die verschiedenen Farbtöne eines guten Chianti-Weins. Dazu kommt der üppige Duft, der von ihrer *Gallica*-Herkunft zeugt.

*Conrad Ferdinand Meyer*

1899 von Müller auf den Markt gebracht, hat den überwältigenden Charme aller *Rugosa*rosen: kraftstrotzend, stachelig. Mit dem typischen rauhen *Rugosa*-Laub ist sie nicht leicht zu bändigen. Aber die Blüten, die wiederholt im Jahr blühen! Diese sind große kugelige Duftbälle in einem ganz zarten, silbrigen Rosa, und sie duften einfach betörend. Da verzeiht man ihr die aufsässigen langen Triebe und die Anfälligkeit für Rosenrost. Auch sie sollte als Solitär behandelt oder wie eine Kletterrose aufgebunden werden.

*Constance Spry*

war für ihren Züchter Austin der Beginn des Erfolges seiner Englischen Rosen. 1961 hervorgebracht, ist sie inzwischen zu einem Publikumsliebling geworden, obwohl sie nur einmal blüht. Aber im Gegensatz zu den Alten Rosen ist ihr Wuchs außerordentlich kräftig und ihr Laub dunkelgrün und dicht. Die pomponförmigen rosa Blütenbälle öffnen sich schließlich zu großen – 12 Zentimeter im Durchmesser – gefüllten Schalen, die einen süßen Duft verströmen. Sie ist halb Strauch-, halb Kletterrose. Man muß sie stützen oder aufbinden.

*Fantin-Latour*

nach dem französischen Maler benannt, ist unbekannter Herkunft. Sie sieht aus wie eine perfekte Zentifolie, obwohl an dieser Einordnung berechtigte Zweifel bestehen. Ihre edlen Blüten entfalten sich einmal im Jahr wirbelförmig aus der gefüllten Mitte in einem hellen Rosa, manchmal ist das kleine Knopfauge zu sehen. Sie duftet zart. Ihr Wuchs ist ebenmäßig, sie bildet einen runden Busch von 150 Zentimeter Höhe mit breiten mittelgrünen Blättern.

## *Fritz Nobis*

eine berühmte Kordes-Züchtung, hat sich seit ihrer Einführung 1940 zu einem Gartenklassiker entwickelt. Dieser große wohlgeformte Strauch von 180 Zentimeter Höhe benötigt keine Stütze, man erkennt daran seine Herkunft von einer *Rosa rubiginosa*. Das Laub ist großblättrig und dunkelgrün. Die Blüten zeigen sich zartrosa, halbgefüllt einmal im Sommer, und die Petalen haben in der Mitte um die goldenen Staubfäden herum eine cremegelbfarbene Basis. Sie erfreut durch einen würzigen Duft, und im Herbst leuchten ihre Hagebutten in einem kräftigen Rot.

## *Fru Dagmar Hastrup*

soll ein Sämling einer *Rugosa*-rose sein. Von ihr hat sie die Gesundheit und Kraft, das grobgemusterte Laub und die guten, dunkelroten Hagebutten. Die Büsche werden nur 140 Zentimeter hoch. Sie eignen sich auch für Hecken, da sie einen Rückschnitt ohne weiteres vertragen. Trotz ihrer robusten Natur hat sie außergewöhnlich zarte, ungefüllte Blüten in einem klaren Rosa mit einer etwas helleren Mitte, die den ganzen Sommer über blühen. Sie duftet angenehm. Der dänische Züchter Hastrup präsentierte sie 1914.

## *Ghislaine de Féligonde*

kann aufgebunden wie eine Kletterrose gezogen werden, dann wird sie bis zu drei Meter hoch, aber auch als freiwachsender Strauch mit überhängenden Trieben ist sie reizvoll. Sie stammt von einer *Rosa multiflora* ab und kommt aus dem Hause Turbat, wo sie 1916 gezüchtet wurde. Sie hat unzählige mittelgroße, dicht gefüllte Blüten, die als Knospen mandarinenfarbig sind und später cremegelb verblassen. Dadurch und durch die gleichzeitige Fülle von Knospen und Blüten wirkt sie vielfarbig und sehr üppig. Leider duftet sie nicht, blüht aber unermüdlich.

### *Graham Thomas*

ist eine öfterblühende Englische Strauchrose (1983), die von Austin als seine bisher beste Züchtung bezeichnet wird. Sie hat einen hübschen aufrechten Wuchs, wird 120 Zentimeter hoch und ist deshalb auch als Beetrose zu behandeln. Das dunkelgrüne Laub ist gesund, Blüten erscheinen auch an den unteren Trieben. Die Farbe von 'Graham Thomas' ist ein sonniges, klares Gelb. Der ausgeprägte Duft nach Teerosen entströmt großen, schalenförmigen Blüten, die quirlig gefüllt sind. Sie wird ein Klassiker werden.

### *Great Maiden's Blush*

Diese Albarose mit dem typischen grau-grünen Laub kannte man schon um 1500. Sie trug die unterschiedlichsten Namen. 'Cuisse de Nymphe' (Schenkel einer Nymphe) wäre heute nicht mehr *politically correct* – weil vermeintlich frauenfeindlich –, aber auch 'La Séduisante' (die Verführerische) und 'Virginale' (die Jungfräuliche) deuten in eine ähnliche Richtung – weniger allerdings der Name 'Incarnata'. Die Vielzahl der Assoziationen mag mit dem überirdisch schönen Rosa zusammenhängen, das wie ein errötendes Weiß wirkt. Die Blüten sind rund, locker gefüllt, und der Duft ist moosrosenhaft. Der 150 Zentimeter hohe Strauch bringt seine Blüten so üppig hervor, daß die Zweige überhängen. Dadurch wirkt er etwas unordentlich. 'Great Maiden's Blush' verträgt, wie alle Albarosen, leichten Schatten und ist einmalblühend.

### *Hebe's Lip*

heißt in Frankreich 'Reine Blanche' – Weiße Königin. Das ist eine passende Bezeichnung für diese *Damascena* x *rubiginosa* Kreuzung, die der englische Züchter Paul 1912 einführte. Der adrette Busch, 120 Zentimeter mal 120 Zentimeter, ist recht stachelig und verströmt einen zarten Moschusduft. Die weißen Blüten öffnen sich nur leicht gefüllt einmal im Jahr und zeigen ihre goldenen Staubgefäße mit kleinen rehbraunen Pünktchen am Ende. Besonders reizend sind die himbeerroten Ränder an den sanft gewellten Petalen.

## *Hermosa*

1840 von Marcheseau gezüchtet. Dies ist ein kleiner Strauch, nur 60 Zentimeter hoch, der wunderhübsch in eine Rabatte mit blauen Blumen und silbernem Laub paßt. Man sieht der Rose an, daß sie eine Chinahybride ist. Das Laub ist klein, graugrün und der Wuchs locker verzweigt. Die Blüten sind Bourbonrosen ähnlich, blühen im Gegensatz zu diesen aber den ganzen Sommer lang. Sie haben eine bläulich-rosa Farbe und duften nur wenig. Dafür ist diese Rose verläßlich winterfest, und man kann sie gut in großen Töpfen ziehen.

## *Königin von Dänemark*

ist ein Sämling der zuvor beschriebenen 'Great Maiden's Blush', 1816 von Booth eingeführt. Sie ist die eigentliche Königin der Albarosen geworden und gilt als eine der schönsten einmalblühenden Alten Rosen. Der gesunde, gut aufgebaute Busch wird 120 Zentimeter hoch und hat dichtes grau-grünes Laub. Die roten Knospen sind wie bei 'Mme Hardy' von filigranen Fiederblättchen umgeben und öffnen sich zu großen dichtgefüllten Blüten in einem warmen Karmin-Rosa. Die Petalen sind in Vierteln gewirbelt und biegen sich leicht nach außen. Der Duft ist betörend.

## *La Reine Victoria*

eine Bourbonrose, hat auch „chinesisches Blut" in sich: die Blüten stehen in lockeren Büscheln über dem grau-grünen Blattwerk und erscheinen immer wieder. Sie wächst aufrecht 150 Zentimeter hoch. Man kann sie gut an einer Säule oder einem Rankobelisken aufbinden. Die Blüten sind von einem schönen Lila-Rosa, rundlich gefüllt, und sie duften wie alle Bourbonrosen. Eingeführt wurde sie von Schwartz im Jahr 1872. In neueren Publikationen wird sie nur noch 'Reine Victoria' genannt.

### *Mme Hardy*

ist eine unverzichtbare einmalblühende *Damascena*, vollkommen sind ihre weißen gefüllten Schalenblüten mit ihren grünen Knopfaugen! Ihr Züchter Hardy war Leiter der Rosengärten von Malmaison und führte sie 1832 ein. Seitdem ist sie im Handel und nach wie vor beliebt. Die Knospen sind von fiedrigen Kelchblättern umhüllt, was ihr eine besondere Note verleiht. Das Laub ist klein, mattgrün und der Wuchs (160 Zentimeter hoch) hübsch buschig. Der zitronenartige Duft paßt zu ihrem frischen Aussehen.

### *Mme Isaac Péreire*

1881 von Garçon eingeführt, gehört zu den großen Strauchrosen. Sie wird bis zu zwei Meter hoch und hat starke, aufrechte Triebe. Sie läßt sich wie eine Kletterrose gut aufbinden. Das Laub ist groß und dunkelgrün. Sie ist wohl die prächtigste Bourbonrose mit ihren großen, dichtgefüllten Blüten, deren Petalen sich kugelig nach außen biegen. Das samtige Magenta ist eine außergewöhnliche Farbe, und sie verfehlt mit ihrem starken Duft nie ihre Wirkung.
Sie hat eine zuverlässige Nachblüte im Spätsommer.

### *Mme Plantier*

eine Züchtung von Plantier, ist eine Halb-Strauch-halb-Kletter-Rose. Ihre stachellosen Triebe hängen weit über, wenn man sie nicht aufbindet. Sie erreichen eine Höhe von bis zu zwei Metern. David Austin schreibt, daß sie in Sissinghurst, dem berühmten Garten von Vita Sackville-West, „wie ein duftiges Ballkleid“ um einen alten Obstbaum herum wächst. Ihre Blüten sind zierlich, pomponartig und dicht gefüllt mit einem kleinen grünen Auge. ‘Mme Plantier’ duftet süß, ist einmalblühend und hat matt-hellgrünes Albarosen-Laub.

### *Marguerite Hilling*

von Hilling 1959 gezüchtet, ist eine öfterblühende Mutation der 'Nevada', jener ebenfalls beschriebenen, modernen Strauchrose, und hat deren viel gerühmte gute Eigenschaften. Nur die Farbe ihrer halbgefüllten Blüten ist anders, nämlich ein wunderhübsches Altrosa.

### *Mozart*

1927 von Lambert gezüchtet, wird manchmal auch den Bodendeckern zugeordnet, denn ihre Triebe hängen über, und der einzelne Strauch wird breiter als hoch (150 Zentimeter). Diese kleine entzückende Rose blüht unermüdlich in großer Fülle den ganzen Sommer lang. Die einzelne ungefüllte Blüte ist entweder weiß mit einem breiten karminrosa Rand oder karminrosa mit einer weißen Mitte, das ist Ansichtssache. Wie diese Rose überhaupt die Geister scheidet: entweder ist man verliebt in die zarte Schlichtheit der Blüten, oder man findet sie unbedeutend.

### *Mrs. John Laing*

eine Bennett-Züchtung aus dem Jahr 1887, war zu ihrer Zeit eine sehr beliebte Rose. Der Züchter erhielt damals für die Lizenz aus den USA 45 000 Dollar. Und immer noch gilt sie als erste Wahl: kräftiger Wuchs, 120 Zentimeter hoch, gesundes graugrünes Laub, anspruchslos und winterfest. Die Blüten sind schalenförmig, gut gefüllt, von reinstem Rosa und starkem Duft. Der Flor erscheint wiederholt im Jahr.

## *Nevada*

ist eine Hybride des spanischen Züchters Dot (1927), deren *Moyesii*-Herkunft umstritten ist. Sie bildet große Büsche, 250 Zentimeter hoch und ebenso breit, die einen ausladenden, attraktiven Wuchs haben. Damit sie in späteren Jahren nicht zerzaust aussieht, sollte man altes Holz regelmäßig herausschneiden. Der Strauch mit seinen fast stachellosen Zweigen ist über und über mit mittelgroßen, halbgefüllten, flachen weißen Blüten bedeckt, deren gelbe Staubgefäße hübsch hervorleuchten. 'Nevada' blüht mehrmals im Jahr und hat ein wenig den Habitus einer Wildrose.

## *Penelope*

eine 1924 von Pemberton gezüchtete *Moschata*hybride, wird oft mit dem etwas unsinnigen Attribut „dankbar" bezeichnet. Sie bildet schönste Büsche von 150 Zentimeter mal 150 Zentimetern mit mattgrünem gesundem Laub. Darüber schweben an dichten Büscheln die stark nach Moschus duftenden Blüten. Als Knospen sind sie etwas gelblich, entfalten sich in Rosa und Lachs, um dann in eine halbgefüllte, weiße Blüte überzugehen. 'Penelope' blüht mehrmals im Jahr. Und als Zugabe entwickelt sie im Herbst korallenrote Hagebutten.

## *Raubritter*

eine Kordes-Züchtung aus dem Jahr 1936, hat einen unbändigen Wuchs, der mehr in die Breite (etwa zwei Meter) als in die Höhe (90 Zentimeter) geht. Sie läßt sich gut hochbinden. Sie duftet nicht, blüht spät und nur einmal, dann aber mehrere Wochen lang, und ihre in üppiger Fülle erscheinenden ballförmigen gefüllten Blüten entschädigen dafür reichlich. Sie hängen über und über an diesem niedrigen Strauch und sind von einem klaren bläulichen Rosa.

## *Smarty*

1979 von dem niederländischen Züchter Ilsink auf den Markt gebracht, ist ein lockerer Strauch von ungefähr einem Meter Höhe. Das Laub ist dunkelgrün und edelrosenähnlich, und die sehr zahlreichen Blüten bedecken ihn rundum. Deshalb rangiert 'Smarty' manchmal auch unter den Bodendeckern. Sie blüht mehrmals in einem weichen hellen Rosa mit goldgelben Staubgefäßen, die einzelne Blüte ist fünfblättrig, ungefüllt und voller Anmut.

## *Souvenir de la Malmaison*

entstand, als Malmaison verging: eine wahre Erinnerung. 1843 brachte sie der Züchter Béluze auf den Markt. Sie bildet einen niedrigen, einen Meter hohen und sehr viel breiteren Strauch mit gesundem, teerosenartigem Laub. Die Blüten sind unvergleichlich. Sie bilden große Schalen, fünfteilig gewirbelt, in einer unglaublichen Dichte, die Farbe ist Creme-Rosa mit einem dunkleren Schimmer im Inneren der gefalteten Pracht. Ihr Duft ist frisch und zart. Sie wiederholt ihre Blüte zuverlässig im Spätsommer. Es gibt einen Climbing-Sport von ihr, der allerdings nur einmal blüht.

## *Stanwell Perpetual*

stellt vielleicht eine Zufallskreuzung zwischen einer *Rosa pimpinellifolia* und einer Herbst-*Damascena* dar. Sie war schon im 18. Jahrhundert bekannt und wurde als Gartenrose 1838 von der Baumschule Lee auf den Markt gebracht. Sie ist eine dauerblühende, robuste, niedrige Rose mit dem kleinen *Pimpinellifolia*-Laub, das gebogen überhängt. Sie wird ungefähr 150 Zentimeter hoch. Die Blüten sind klein, rosa, halbgefüllt und duften wunderbar.

### *Tuscany*

ist eine einmalblühende *Gallica*, deren Herkunft so dunkel ist wie die Farbe ihrer halbgefüllten großen Blüten. Sie zeigen tiefes Brombeerrot mit kastanienfarbenen Einschlägen, in der Mitte leuchten dunkelgolden die Staubgefäße. Der Strauch wird 120 Zentimeter hoch, ist gut gewachsen und kräftig. Das Laub ist dunkelgrün, der Duft mäßig. Sie fand schon 1596 Erwähnung, ein Sämling oder Sport von ihr, 'Tuscany Superb', wird 1848 genannt. Diese Rose ähnelt ihrer Mutter in allem, sie ist nur etwas größer und insgesamt üppiger, und die strahlende Mitte wird durch mehr Blütenblätter verdeckt. Beide bilden Hagebutten.

### *Westerland*

1969 von Kordes gezüchtet, ist eine moderne Strauchrose mit vielen guten Eigenschaften. Sie blüht reichlich bis zum Frost, ihre locker gefüllten Edelrosenblüten haben eine nuancenreiche orangerote Färbung, und sie duftet gut. Der große Busch – zwei Meter mal zwei Meter – hat dichtes, glänzendes, dunkelgrünes Laub und schmückt sich im Herbst mit gelbroten Hagebutten.

### *Zéphirine Drouhin*

eine Bizot-Züchtung aus dem Jahr 1868, ist eine Bourbonrose mit 150 Zentimeter langen Trieben, die locker auseinanderfallen. Sie läßt sich auch hochbinden. Für ihren Blütenreichtum und die Blühdauer ist sie berühmt geworden, ebenso für ihren intensiven Duft. Die großen Blüten sind locker gefüllt und von einem kräftigen, dunklen Kirsch-Rosa. Sie verträgt Schatten.

# Kletter-rosen

## *Albéric Barbier*

eine *Wichuraiana*-Hybride, hat die langen, überhängenden Zweige der chinesischen Wildform und eignet sich besonders gut für Zäune und um über Mauern zu ranken. Das glänzend dunkelgrüne Blattwerk dieser 1900 von Barbier gezüchteten Ramblerrose harmoniert gut mit den dichtgefüllten cremeweißen Blüten, die an kleinen Büscheln erscheinen und sehr schön duften. Die Knospen sind gelb. Sie kann bis zu acht Metern in der Höhe erreichen und hat einen zweiten Blütenflor im Spätsommer.

## *Albertine*

eine Barbier-Züchtung von 1921, ist von ähnlicher Herkunft wie 'Albéric Barbier' und hat die gleichen guten Eigenschaften dieser Ramblerrose. Sie läßt sich ebenso willig als großer Strauch wie auch an Seilen entlang, über Mauern oder hoch hinaus ziehen. Ihr Blütenflor ist vielleicht noch etwas reichlicher und anhaltender als der von 'Albéric Barbier'. Die Knospen sind gelblich-rot und blühen zu großen rosafarbenen Blüten auf, die Teerosencharakter haben. Sie blüht nur einmal im Jahr. Der Duft ist sehr intensiv.

### *Bobbie James*

eine Sunningdale Nurseries-Züchtung aus dem Jahr 1961, gehört ebenfalls zu den büschelförmig einmalblühenden Ramblern. Sie besitzt eine enorme Wuchskraft und ist über und über mit den kleinen Blüten besät, die halbgefüllt und kräftig duftend sind. Die Farbe ist ein sanftes Weiß, das durch die goldenen Staubgefäße einen schimmernden Ton erhält. Das kleine Laub ist hellgrün. Man kann sie gut in Bäume hineinwachsen lassen.

### *Compassion*

heißt eine moderne Kletterrose mit locker gefüllten, stark duftenden Edelrosenblüten in einer zauberhaften Farbvariation von Aprikose bis Silberrosa. Sie wird drei Meter hoch und hat schönes, dunkelgrünes großes Laub. 'Compassion' ist eine gesunde remontierende Harkness-Rose von 1976. Sie kann in sehr harten Wintern gelegentlich zurückfrieren, treibt aber immer wieder gut aus.

### *Dorothy Perkins*

kam 1902 aus dem Haus Jackson und Perkins, steht in dem Ruf, mehltaugefährdet zu sein. Aber wenn man sie an einem kühlen, leicht schattigen Ort zieht, möglichst nicht an einer Mauer, und sie nicht austrocknen läßt, ist diese Krankheit zu vermeiden. Denn diese Ramblerrose rangiert zu Unrecht unten auf der Beliebtheitsskala. Sie blüht üppig im Sommer mit ihren kleinen gefüllten Blütenbüscheln, die anmutig an den weichen Trieben etwas nach unten hängen. Und ihre Farbe ist von der Knospe bis zum Verblühen von einem warmen Kirschrosa. Das Laub ist zierlich und glänzend.

### *Dortmund*

eine öfterblühende, moderne Kletterrose von Kordes (1955) ist eine gesunde, zuverlässige Zierde an jedem Rosenbogen. Ihre großen ungefüllten Blüten sind von einem leuchtenden Blutrot mit weißer Mitte, die schwach duften. Dazu paßt das leicht gewellte dunkelgrüne Laub. Sie putzt sich selbst und bringt im Herbst hübsche Hagebutten hervor.

### *Félicité et Perpétue*

1827 von Jacques eingeführt, ist die schönste der Ramblerrosen. Reicher, dichtbelaubter Wuchs mit kleinen dunklen Blättern und bis zu fünf Meter Höhe zeichnen sie aus. Ihre Blüten hängen üppig gefüllt wie kleine Schneebälle in Büscheln herab. Die Knospen sind rosig. Sie blüht spät im Jahr und verträgt Schatten. Die bekannte englische Landschafts- und Gartenarchitektin Gertrude Jekyll soll sie gerne gepflanzt haben.

### *Flammentanz*

eine Kordes-Züchtung aus dem Jahr 1955, blüht nur einmal im Sommer, obwohl sie eine moderne Kletterrose ist. Dafür ist ihr Flor reichlich und hält sehr lange. Die Blüten sind von einem dunklen, samtigen Rot und edelrosenhaft locker gefüllt. Sie putzt sich selbst und verträgt Regen. Das große Laub ist mattgrün, und im Herbst leuchten ihre Hagebutten. Sie wächst recht starr in die Höhe, wobei sie ungefähr fünf Meter erreichen kann.

## *Gloire de Dijon*

ist eine Alte Kletterrose von Jacotot aus dem Jahr 1853. Sie hat Noisette-Charakter, und ein Elternteil soll 'Souvenir de la Malmaison' sein. Ihr Ruf ist legendär. Die Blüten, mit verschwenderischem Duft, sind klein, dichtgefüllt und elegant geviertelt. Ihre Farbe ist ein sehr helles, warmes Goldbraun, und sie bringt in Abständen immer wieder Blüten hervor. Das dunkelgrüne Laub ist groß und wirkt sehr elegant.

## *Kiftsgate*

wurde 1954 von dem Züchter Murrell auf den Markt gebracht, ist aber keine eigentliche Züchtung, sondern eine Form der Wildrose *Rosa filipes*. Sie ist die mächtigste der Rambler, bis zu 15 Meter kann sie in die Höhe schießen. Schwächere Bäume sollen schon unter ihr zusammengebrochen sein. Dabei wirken ihr hellgrünes filigranes Laub und die einfachen weißen Blüten ausgesprochen zart. Wenn sie im Sommer blüht, wirkt ihr reicher Blütenflor von Ferne wie frisch gefallener Schnee. Die Anzahl der kleinen Hagebutten ist entsprechend groß.

## *Leverkusen*

1954 von Kordes gezüchtet, ist eine moderne Kletterrose, die eine nur schwache Nachblüte hat. Ihre Blüten sind, wie bei einer Alten Rose, rosettenartig gefüllt. Sie duftet frisch, und die Färbung verläuft von Dunkel- bis Cremegelb. Das kleine Blattwerk ist glänzend dunkelgrün. Durch ihren buschigen Habitus läßt sie sich auch als Strauchrose halten. Aufgebunden erreicht sie eine Höhe von drei Metern.

### *Lykkefund*

1930 von Olsen gezüchtet, gehört zu den etwas gemäßigteren Ramblern. Sie wird nur sechs Meter hoch und hat keine Stacheln. Ihr Laub ist klein und dunkelgrün, die kleinen halbgefüllten Blüten sind cremeweiß und erscheinen einmal im Jahr in großer Fülle. Sie ist robust und klettert auch in Bäume hinein. Über eine Mauer fällt sie wie ein Sternenschauer.

### *Madeleine Selzer*

ist zu Unrecht nicht sehr bekannt. Dieser Multiflora-Rambler ist robust, aber nicht zu starkwüchsig mit wunderschönem rötlich-grünem Laub und kaum Stacheln. Drei Meter kann sie hoch werden, aber auch fast zwei Meter in der Breite einnehmen. Betörend sind die Blüten dieser einmalblühenden Kletterrose. Üppige Büschel mit gefüllten zitronengelben Blüten verströmen im Sommer für einige Wochen einen süßen Duft. Sie verblaßt weißlich und wirkt dadurch vielfarbig. Sie kommt auch mit weniger guten Böden zurecht. Der französische Züchter Walter brachte sie 1926 auf den Markt.

### *Mme Alfred Carrière*

ist eine Noisette-Kletterrose des Züchters Schwartz von 1879. Sie ist sehr wüchsig – sie kann bis zu sechs Metern erreichen –, mit dichtem Laub aus großen, mattgrünen Blättern. Ihre edelrosenartigen Blüten sind schalenförmig gut gefüllt, weiß mit einem rosa Hauch. Sie blüht wiederholt und duftet wunderbar nach Teerosen. Damit sie ein geordnetes Aussehen erhält, müssen ihre Triebe öfter zurückgeschnitten werden.

### *Mme Sancy de Parabère*

ist eine schöne Boursault-Kletterrose mit stachellosen roten Trieben, die eine Höhe von über fünf Metern erreichen kann. Ihre Blüten, die einmal und sehr früh im Jahr erscheinen, sind bis zu 15 Zentimeter im Durchmesser groß, flach gefüllt und von einem hellen Rosa. Sie hat einen sehr schönen Duft. Die dunkelgrünen Blätter stehen weit auseinander, dadurch wirkt die ganze Pflanze lässig elegant. Vorgestellt wurde sie von Bonnet 1874, man vermutet aber ein früheres Entstehungsdatum.

### *New Dawn*

ist eine sehr anspruchslose Rose. Diese Züchtung der Somerset Nursery aus dem Jahr 1930 ist immer gesund und verträgt tiefe Minusgrade. Ihre Blüten erscheinen in laufender Folge, obwohl sie eine *Wichuraiana*-Hybride ist – also ein Rambler. Dieses Erbteil stattet sie mit einer enormen Wuchskraft aus, die dicken Triebe werden bis zu sechs Meter lang, das Laub ist dunkel, glänzend und dicht. Ihre spitzen, babyrosa Knospen entfalten sich zu wohlgeformten, locker gefüllten Blüten in einem perlrosa Ton. Sie duftet zart.

### *Paul's Himalayan Musk*

ist ein Rambler, dessen Eltern wir nicht genau kennen. Der Züchter Paul brachte sie um 1900 auf den Markt. Sie wächst enorm kräftig, bis zu zehn Metern Höhe, ihre Triebe sind aber dünn und lassen sich gut bändigen. Sie blüht nur einmal, aber reichlich und duftet nach Moschus – ein Hinweis auf ihre Vorfahren. Ihre kleinen Blütenrosetten sind gefüllt und gehen in einem kräftigen Rosa auf, verblühen dann fast weiß. Dadurch erhält die blühende Kaskade einen lebendigen, vielfarbigen Gesamteindruck.

### *Paul's Scarlet Climber*

heißt eine einmalblühende Kletterrose mit schwacher Nachblüte von drei Meter Höhe. Man kann sie auch als Strauch ziehen. Als William Paul sie 1916 vorstellte, wurde sie schnell zum Publikumsliebling. Ihre üppig erscheinenden Blüten, halbgefüllt und zart duftend, sind von auffallender scharlachroter Farbe. Eine Bilderbuchrose.

### *Rambling Rector*

– wie der Name sagt, ein Rambler – ist schon sehr alt, und die Entstehung ist unbekannt. Die Rose trägt *Moschata*-Erbteile in sich. Sie ist einmalblühend mit hübschen Hagebutten im Herbst, ihr Wuchs ist dichtbelaubt, und die kräftigen Triebe werden bis zu sieben Meter lang. An den unzähligen Blütenbüscheln stehen dicht an dicht die kleinen halbgefüllten Blüten. Sie sind anfänglich cremefarben und blühen weiß. Die gelben Staubgefäße sind gut sichtbar. Ihr Moschusduft ist sehr ausgeprägt.

### *Seagull*

1907 von Pritchard auf den Markt gebracht, hat ähnliche Eigenschaften, wie 'Rambling Rector', ihre Blüten stehen aber nicht so dicht an den Büscheln und sind etwas weniger gefüllt. Dadurch sind die einmalblühenden weißen Einzelblüten erkennbar, und von Ferne leuchten sie z. B. in einem Baum wie tausend kleine Sterne.
'Seagull' wird etwa fünf Meter hoch.

## *Sympathie*

ist seit ihrer Entstehung 1964 ein Renner unter den Kletterrosen. Zuverlässig, reich und öfterblühend, verträgt sie einen Regenschauer und putzt sich selbst. Ihre Farbe, ein dunkles Blutrot, ist beständig, die großen gefüllten Blüten sind teerosenförmig. Außerdem duftet sie noch sehr angenehm. Das Laub ist von einem glänzenden Mittelgrün. Sie wächst schnell bis zu einer Höhe von fünf Metern und wirkt sehr üppig.

## *Veilchenblau*

1909 von Schmidt gezüchtet, soll die blaueste Rose sein, die bekannt ist. Eigentlich sind ihre Blüten aber hellpurpurfarben – noch gibt es keine blaue Rose. Sie ist ein *Multiflora*-Rambler mit hellgrünem Laub und drei Meter langen, stachellosen Trieben. Sie blüht in überbordender Fülle mit einem angenehmen Duft einmal im Frühsommer. Ihre reizenden Blüten sind offen, kaum gefüllt, Violettrot mit einer weißen Mitte und goldenen Staubgefäßen. Die Farbe verändert sich von der purpurfarbenen Knospe bis zu einem fliederfarbenen Grauton im Verblühen. Am wenigsten verblaßt sie in lichtem Schatten.

# Miniatur-rosen

## *Baby Faurax*

eine Lille-Züchtung aus dem Jahr 1924, ist eine kleine, bis zu 30 Zentimeter hohe Beetrose mit flachen, halbgefüllten, mauvefarbenen Blüten. Die Petalen öffnen sich aus kugelrunden Knospen, die an aufrechten Büscheln erscheinen. Das Laub ist hellgrün und zierlich. Sie ist eine reizende, schlanke, kleine Rose, die den ganzen Sommer lang blüht und keine Krankheiten zu bekommen scheint. Sie wirkt sehr hübsch in einem Blei- oder Zinkgefäß.

## *Zwergkönig*

1978 von Kordes gezüchtet, wird maximal 50 Zentimeter hoch, meistens bleibt sie niedriger. Ihr Wuchs ist rundlich, buschig mit dunkelgrünem Laub. Die Blüten von der Größe eines 5-Mark-Stücks sind edelrosenartig und samtig blutrot mit einer kleinen goldenen Mitte. Sie putzt sich selbst, verträgt Regen und erfreut durch eine schöne Nachblüte.

# Bodendecker

*Immensee*

eine Kordes-Rose (1982), hat durch ihre Abstammung von einer *Rosa wichuraiana* nicht nur die langen, rankenden Triebe geerbt, sondern auch ein wenig von dem Wildrosencharakter behalten. Sie blüht einmal reichlich und lange mit einfachen, zartrosa Blüten, die sehr schön duften. Das Laub ist dunkel und glänzend. Höchstens 30 Zentimeter hoch, kann sie sich aber zu allen Seiten bis zu 150 Zentimeter weit ausstrecken.

*Nozomi*

1968 von dem japanischen Züchter Onodera auf den Markt gebracht, wächst flach auf dem Boden, es sei denn, man zieht sie als Mini-Kletterrose an einer Stütze auf. Man kann sie auch den Miniaturrosen zuordnen, denn ihre Blüten sind winzig. Zartrosa Knospen öffnen sich zu blaßrosa ungefüllten Blüten, die schwach duften und eine gute Nachblüte hervorbringen. Das Laub ist ebenfalls zierlich und mittelgrün.

Weitere Rosen der beiden letztgenannten Klassen finden sich auch bei den Beetrosen.

# Wildrosen

## *Rosa canina*

ist die Hundsrose, die wilde Heckenrose mit ihren drei Meter hohen Büschen. Die Triebe hängen gebogen über und sind mit einzelnen, mittelgroßen rosa Blüten bedeckt. Sie blühen in vielen Variationen, von tiefem Dunkelrosa bis Weiß. Der Duft ist zart. Ihre schmalen glänzenden Hagebutten sind leuchtend scharlachrot und ein sehr schöner Winterschmuck. Die sogenannte Tausendjährige Rose von Hildesheim ist eine *Rosa canina*.

## *Rosa* x *cantabrigiensis*

ist ein Zufallssämling aus dem Botanischen Garten von Cambridge, England, von 1931. Die Eltern sind *Rosa hugonis* und *Rosa sericea*. Sie ist eine reizvolle Strauchrose, 200 mal 150 Zentimeter mit farnartig gefiedertem Laub, das an stacheligen, braunen Trieben sitzt, die sich elegant nach außen biegen. Die Blüten sind einfach, blaßgelb, und die dunkelgelben Staubgefäße bilden ein hübsches Krönchen in der Mitte. Im Herbst erscheinen die rundlichen roten Hagebutten.

### *Rosa chinensis* 'Viridiflora'

ist, wie die Stacheldrahtrose, eher eine Kuriosität. Sie besitzt keine Blütenblätter, sondern die „Blüte" wird von einem dichten Büschel aus grünen Kelchblättern gebildet. Sie verblühen in einem rötlichen Braunton. Die Büsche werden nicht hoch, ca. 60 Zentimeter, das fiedrige Laub ist mittelgrün. Sehr reizvoll sind Zweige dieser Rose in einem Blumenstrauß.

### *Rosa gallica*

die Ur-Mutter unserer Gartenrosen, kommt in ihrer ursprünglichen Form kaum noch vor. Oder anders ausgedrückt, ob die in den Botanischen Gärten angepflanzte *Gallica* wirklich die echte Wildform ist, kann man bezweifeln. Schon seit Tausenden von Jahren hat sie sich gekreuzt und wurde veredelt. Diese Sorten können sich auch – verwildert – wieder zurückgebildet haben. Typische Merkmale einer *Gallica* – oder Essig-Rose – sind ihr zierlicher Wuchs und der lockere Aufbau. Sie wird nicht höher als 120 Zentimeter, bei der Wildform sind es sogar nur 70 Zentimeter. Die Triebe sind schlank, aufrecht und klein bestachelt. Das Laub ist matt und von mittelgrüner Farbe. Die Blüten zeigen sich ungefüllt, schalenförmig und mittelgroß einmal im Jahr. Ihr Duft ist herb-süß, trägt aber nicht weit. Bekannter sind ihre Mutationen:

### *Rosa gallica* 'Officinalis'

– die Apothekerrose. Ihre Blüten sind halbgefüllt und von einem starken Magentarot.

### *Rosa gallica* 'Versicolor'

– *Rosa mundi* – hat ebenfalls halbgefüllte Blüten, die aber purpur-hellrosa gestreift sind.

### *Rosa gallica* 'Tuscany'

– ihre halbgefüllten Blüten sind von einem aufregenden dunklen Rotbraun (siehe auch Seite 134).

### *Rosa glauca*

(oder *Rosa rubrifolia*) heißt bei uns auch Hechtrose. Das Laub soll „hecht-blau überlaufen" sein. Passender wird es jedoch mit Dunkelrot oder Mauve beschrieben. Auf jeden Fall sind es diese dunklen Blätter und die rötlichen Triebe, die diese Wildrose so attraktiv machen. Die kleinen, offenen, einfachen Blüten in kräftigem Rosa stehen in schönem Kontrast darüber. Sie blüht früh und bildet im Herbst attraktive Hagebutten. Ihre Höhe beträgt ca. zwei Meter.

## *Rosa moyesii*

ist nach einem Missionar, E. J. Moyes, benannt, der in China gelebt hat. Sie kam Anfang des 20. Jahrhunderts nach Europa und ist eine Schönheit unter den Wildrosen. Sie bildet drei Meter hohe, 2,50 Meter breite Büsche mit elegant gebogenen Trieben in offener Wuchsform. Die mittelgrünen Blätter sind kleinfiedrig. Die Blüten reihen sich an den Trieben ordentlich auf und haben eine auffällige, kräftig erdbeerrote Farbe. Die ebenso leuchtenden Hagebutten sind groß und flaschenförmig. Die Form 'Geranium' (siehe Abbildung) wird nicht so riesig und ist gut im Garten zu verwenden.

## *Rosa omeiensis* f. *pteracantha*

(*Rosa sericea pteracantha*) – die Stacheldrahtrose. Sie hat nicht nur diese blutroten, durchsichtigen Stacheln, die bis zu zwei Zentimeter breit werden können, sondern ihre Blüten haben auch nur vier Petalen: Sie ist also etwas ganz Besonderes. Allerdings sind weder ihr zartfiedriges Laub noch die kleinen weißen Blüten interessant. Sie kann enorme Büsche bilden, sollte aber stets ausgelichtet und beschnitten werden, denn nur die jungen Stacheln leuchten rot.

## *Rosa pimpinellifolia*

(oder *Rosa spinosissima*) heißt bei uns Bibernell- oder Dünenrose. Sie ist eine kleine Rose und wird in guter Gartenerde höchstens einen Meter hoch. Wenn sie in der Natur auf Sand wächst, bleibt sie ziemlich flach. Sie bildet Wurzelausläufer und kann daher gut zum Befestigen von Hängen genutzt werden. Ihr Blattwerk ist fiedrig graugrün, und die hellgelben einfachen Blüten mit ihren dunkelgelben Staubgefäßen sitzen einzeln an den gebogenen Trieben. Sie duftet süßlich. Im Herbst erscheinen sehr hübsche dunkelrote, fast schwarze Hagebutten.

### *Rosa rubiginosa*

ist die berühmte Schottische Zaunrose, die wegen ihrer Wüchsigkeit häufig als Unterlage für Veredelungen genutzt wird. Aber man kennt sie vor allem als die einfach blühende, rosa Heckenrose mit kleinen Blättern, stark bestachelt, die bis zu 2,50 Meter hoch wird. Eine Besonderheit ist jedoch ihr Duft. Nicht nur die schlichten Blüten duften, auch ihr Laub verströmt Duft. Sie hat unter den Blättchen kleine Drüsen, die ein starkes Apfelaroma verbreiten, das durch den ganzen Garten trägt.

### *Rosa rugosa*

die Apfel- oder Kartoffelrose, wuchert durch Ausläufer und bildet undurchdringliche Hecken. Sie läßt sich aber willig beschneiden: beherztes Zurückschneiden bildet rundliche Büsche aus, anderenfalls werden sie zu hoch und staksig. Ihre dicken Blätter sind grob, rauh und dunkelgrün mit deutlicher Zeichnung. Die Blüten sind groß, ungefüllt und entfalten sich wie zartes Japanpapier in einem kräftigen Pink. Sie duften sehr stark. Im Herbst färbt sich das Laub goldgelb, und die großen, kugeligen Hagebutten in Zinnoberrot leuchten weit. Es gibt von ihr auch eine Alba-Sorte, die ohne sonstige Unterschiede weiße Blüten trägt.

### *Rosa wichuraiana*

ist für die meisten Rambler-Züchtungen verantwortlich. Ihre Wildform ist jedoch auch nicht ohne Reiz. Sie bildet lange, weiche Triebe, die den Boden bedecken, in Bäume klettern oder an Stützen aufgebunden werden können. Die Blüten sind schlicht: klein, weiß mit gelben Staubgefäßen und einem angenehmen Duft. Sie hat fast immergrünes Laub, neun-fiedrig und dunkelgrün glänzend. Die kleinen Hagebutten sitzen wie dunkelrote Perlen an den Trieben. Ihr ist der typische Charme einer kleinblütigen Wildrose zu eigen.

# Von Sonderformen und berühmten Züchtungen

Schon 1879 kam diese Zwergrose mit ihren dichten Blütenbüscheln auf den Markt. Hier in Barnsley House steht 'Little White Pet' als Hochstamm gezogen inmitten von Lavendelhorsten.

## *Sonderformen der Züchtung*

Hochstammrosen oder Rosenbäumchen sind die auf einen einzelnen, geraden Trieb einer Wildrose aufgepfropften Beetrosen, Strauchrosen oder Miniaturrosen. Auch Edelrosen werden teilweise auf diese Weise gezogen. Nicht alle Rosen eignen sich dafür, denn sie sollen sich früh verzweigen und einen rundlichen Wuchs haben. Hochstammrosen müssen sorgfältig beschnitten werden, damit sich jedes Jahr die gleichmäßigen Sträuße entwickeln. Da die Veredelungsstelle oben an dem Stämmchen sitzt, muß hier der Winterschutz wirksam werden. Etwas unterhalb dieser Stelle können Wildtriebe ausschlagen, die entfernt werden müssen. Als Hochstamm bezeichnet man die Rosenbäumchen mit einem 90 Zentimeter hohen Wildtrieb, bei Halbstammzüchtungen beträgt die Höhe 60 Zentimeter.

Trauerrosen waren in der zweiten Hälfte des 19. Jahrhunderts mit seiner Vorliebe für Dramatik und Pathos entsprechend beliebt. Überhaupt wurden damals allerlei Pflanzen auf „Trauer" kultiviert wie Trauerbuchen, -weiden, -haseln und vieles mehr. Die herabhängenden Rosenhochstämme nennt man heute Kaskadenrosen. Sie entstehen durch die Veredelung des Wildstammes mit einer Ramblerrose, deren Triebe dünn und biegsam sind. Sie werden auf Wildtriebe von 140 Zentimeter Höhe veredelt, da sie noch nach unten hängen.

Hochstamm-Trauerrosen waren eine beliebte Gartenzierde unserer Urgroßeltern. Heute nennt man sie Kaskadenrosen.

Es gibt auch derartige Hochstammveredelungen auf eine Wildrose mit drei gleichwertigen Trieben. Dann bilden sich noch üppigere „Köpfe", allerdings geht der Effekt eines senkrechten Baumstämmchens verloren, denn die drei Wildtriebe streben natürlich schräg auseinander. Auf der anderen Seite wirken sie dadurch nicht ganz so steif und biedermeierlich. Die züchterischen Spielereien, verschiedenfarbige Rosen auf einen Stamm zu veredeln, haben sich zum Glück nicht durchgesetzt. Im 17. Jahrhundert soll man sogar versucht haben, Rosen auf Ilex oder Orangenbäumchen zu pfropfen, sicherlich nur aus Experimentierfreude.

Die Bemühungen der letzten Jahrzehnte, besonders kleine Rosen mit edlen Blüten zu züchten, entsprechen den Bedürfnissen vieler Balkonbesitzer und dem Umstand, daß die Gärten immer kleiner werden. Abgesehen von dieser Herausforderung

Die Rose 'Raubritter' besitzt dünne, überhängende Zweige und eignet sich deshalb vorzüglich zur Anzucht als Hochstammrose. Die kugeligen Blüten schweben wie kleine Bälle über einem Bett aus kleinen Glockenblumen.

ist es das Ziel der modernen Rosenzüchtung, gesunde Pflanzen zu erhalten, die man nicht mehr spritzen muß und die trotzdem duftenden Charme entwickeln.

*Rosennamen und prominente Rosenliebhaber*

Der Name der Rose ist zwar in der Realität nicht mit einer so geheimnisvollen Bedeutung versehen wie im gleichnamigen Roman von Umberto Eco, aber an ihren Namen kann der jeweilige Zeitgeist abgelesen werden, sie vermitteln Poesie und Erinnerungen. Verehrten Personen werden Rosen gewidmet, und zum Glück braucht man damit nicht zehn Jahre bis nach ihrem Tod zu warten, wie es bei Straßenbenennungen üblich ist. Auch Städte können Paten von Rosen werden, wenn dort z. B. ein Rosenkongreß stattfindet, wobei dann die „Attraktivität" des jeweiligen Städtenamens keine Rolle spielt.

Überhaupt scheint bei den Rosenzüchtern das Marketing mit einem verkaufsfördernden Namen nicht bekannt zu sein, sonst wären 'Fritz Nobis', 'Leverkusen' oder 'Tornado', 'Zulu Queen' und 'Fortschritt' wohl nicht möglich geworden. Einen ungeschlagenen Spitzenplatz unter den rosenunwürdigen Namen aber nimmt die zinnoberrote Polyantha von Kordes aus dem Jahr 1953 ein, die getreu dem damaligen Fortschrittswahn 'Atombombe' heißt.

Nur Liebhaber der englischen Lutschpastillen wissen, warum diese rote Rose 'Fisherman's Friend' heißt. Etwas weniger Vorkenntnisse verlangt die rosa 'Eden Rose'.

Der bekannte Rosenzüchter Werner Noack aus Gütersloh stöhnte: „Ich finde eher eine gute Rosensorte als einen passenden Namen." Dabei ist Herr Noack noch recht erfinderisch gewesen, denn die Namen 'Heidetraum' oder 'Apfelblüte' klingen auch für die späteren Rosenbesitzer angenehm. Das gilt wahrhaftig nicht für alle. Bei den Politikernamen kann man unter Umständen noch wählen, 'Konrad Adenauer' oder 'Helmut Schmidt' – wie es beliebt –, aber wenn sich die Firmenwerbung jetzt sogar in den Garten einschleicht und die Objekte der Freude und Zuwendung 'Fisherman's Friend', 'Mein schöner Garten' oder 'Hansaland' heißen, dann mag dies zwar dem Trend der Zeit entsprechen, geht aber doch zu weit. Hier haben sich die Namensgeber innerlich schon sehr weit entfernt von denjenigen, denen letztendlich die Rosenzüchtungen dienen sollen: den Gärtnerinnen und Gärtnern. Natürlich ist es angenehm, wenn die kostspielige Züchtung einer neuen Rose von einer Firma gesponsert wird, und es ist auch richtig, wenn sich das in einer öffentlich wirksamen Weise kundtut. Aber ein zusätzlicher Hinweis auf den Sponsor sollte als Anerkennung ausreichend sein. Kann die Beliebtheit der Alten Rosen vielleicht auch daran liegen, daß sie so zauberhafte Namen haben?

Die klangvollen Benennungen wie 'Königin von Dänemark', 'Baron Girod de l'Ain' oder 'Jayne Austin' sind zur Erinnerung und als Anerkennung ausgewählt worden, sie sagen allerdings nichts darüber aus, ob die betreffenden Personen auch Rosen geliebt oder gesammelt haben. Natürlich war der Beweggrund für manche Namensgebung auch damals politischer Natur. So wurde 1863 eine Rose nach einem erfolglosen Thronanwärter aus der Bourbonen-Dynastie 'Comte de Chambord' genannt. Darin mag man ebenso ein politisches Bekenntnis sehen wie in der Namensgebung für die Rose 'Konrad Adenauer'. Zufällig ist der Letztgenannte aber auch ein Rosenkenner und -sammler gewesen, und es gibt deshalb einen persönlichen Bezug, wenn eine Rose diesen Namen trägt. In Adenauers Garten in Brühl wuchsen viele Rosen, und sein Fachwissen war allgemein geschätzt. Auf seine Anregung hin ist das schweizerische Schloß Heidegg zu einem Rosenparadies geworden. Weil Adenauer bei einem Besuch 1951 darauf aufmerksam machte, daß die romantische Umgebung der Anlage doch unbedingt Rosen verlange, blühen dort jetzt über 3000 Pflanzen, und das Museum der Wohnkultur des 17. und 18. Jahrhunderts, das sich im Schloß befindet, wird ständig mit frischen Rosen aus dem Garten geschmückt.

Die stolze Schöne mit dem Namen 'Konrad Adenauer' hat das Glück, nach einem Rosenliebhaber benannt zu sein. Ein derartig passendes Zusammentreffen ist bei Namensgebungen nicht immer der Fall.

Auch die britische Königinmutter Elizabeth liebt Rosen über alles, und dies sicherlich nicht nur, weil die Rose seit über 500 Jahren Englands Nationalblume ist. Für ihr echtes Interesse spricht, daß Elizabeth Schirmherrin der „Royal National Rose Society" ist. Diese Gesellschaft wurde 1867 gegründet und ist der älteste Rosenverein der Welt, mit über 100 000 Mitgliedern sicherlich auch der größte. In den Gärten von Elizabeths Schlössern – beispielsweise im neu angelegten Garten von Walmer Castle in Kent – wachsen unzählige Rosen, an denen sich auch die Öffentlichkeit erfreuen kann. Sie werden mit viel Sorgfalt von den Hofgärtnern gepflegt. 1992 ist eine halbgefüllte rosa Beetrose – eine Züchtung von Kordes – ihr zu Ehren 'Queen Mother' genannt worden. Auch ihr Landsmann Win-

Die romantische Verklärung einer Epoche spürt man beim Anblick dieser Zeichnung. Die Rose ist nach Kaiserin Eugénie (1826–1920), der Gemahlin Napoleons III., benannt.

ston Churchill war ein bekannter Rosenliebhaber. Seine Kinder hatten deshalb zur Goldenen Hochzeit der Eltern einen „Golden Rose Walk“ in seinem Garten anlegen lassen, der sowohl aus gelbblühenden Kletter- und Ramblerrosen an Bögen als auch aus Strauch- und Beetrosen in allen Gelbschattierungen bestand.

Berühmteste Rosenfreundin der Geschichte ist aber Kaiserin Joséphine von Frankreich, die erste Frau Napoleons. Sie legte noch während ihrer Ehe den Rosengarten des Schlosses Malmaison an und sammelte dort über 250 verschiedene Sorten. Sie hatte es sogar geschafft, trotz der Blockade während des englisch-französischen Krieges Rosen, Stecklinge und Samen aus England und Irland zu bekommen. Dafür verschuldete sie sich grenzenlos. Allerdings kann man nicht behaupten, daß ihr Ehemann sein Geld sinnvoller verpulverte. Leider verfiel der Garten nach ihrem Tod, und nicht alle Rosen hat man später wiedergefunden. Aber sie leben weiter in den einmalig schönen Farbstichen des Malers Redouté. Die wundervolle ‘Souvenir de la Malmaison’ mit ihrer romantischen Geschichte ist eine bleibende Erinnerung. Erst später wurde dann die *Rosa* x *francofurtana*, eine uralte, charmant zerzauste *Gallica*rose nach ihr ‘L’Impératrice Joséphine’ benannt.

### *Züchter und ihre berühmtesten „Kinder“*

Rosen haben im Laufe ihrer Geschichte durch Kultivateure und Züchter ihre Entwicklung und Verbreitung erfahren. In früheren Jahrhunderten geschah dies durch die Pflege der schönsten Exemplare und die Vermehrung besonderer Zufallsmutationen, erst am Ende des 18. Jahrhunderts setzte die gezielte Züchtung ein. Im 19. Jahrhundert erlebte diese Kunst sehr schnell einen unerhörten Aufschwung, besonders nachdem die Chinesischen Rosen nach Europa gekommen waren. Viele Züchter haben nicht nur aus wissenschaftlichem Interesse, sondern aus purer Leidenschaft für die Rose geduldig experimentiert und sorgsam gegärtnert. Sie mußten oft auf eine neue Sorte viele Jahre warten und dabei manche Rückschläge hinnehmen, aber der Stolz und die Freude über eine erfolgreiche, schöne, neue Rose war und ist es ihnen wert. Viele dieser Züchtungsprodukte haben eine Popularität erreicht, die sich schon über mehrere Generationen erstreckt, und es ist deshalb angemessen, den bekanntesten Rosenzüchtern der Vergangenheit und der Gegenwart etwas mehr Aufmerksamkeit zu schenken.

David **Austin**, geb. 1926. Ursprünglich ein Landwirt, kultiviert er in Shropshire/England fast 100 verschiedene Rosensorten und besitzt einen der schönsten Rosengärten Großbritanniens. Er kreuzte einmalblühende historische Rosen mit modernen Züchtungen. Sein erster großer Erfolg und Ausgangspunkt der sogenannten Englischen Rosen war 'Constance Spry' (1961). Danach folgten weitere Bestseller wie 'Chianti' (1967), 'Graham Thomas' (1983), 'English Garden'/'Schloß Glücksburg' (1986) und 'Winchester Cathedral' (1988).

Eine Erfolgszüchtung des Engländers David Austin ist die weiße 'Winchester Cathedral'. Hier ist sie mit den gleichfalls populären Rosen 'New Dawn' und 'Bonica' zusammengesteckt.

**Barbier** et Cie. heißt eine sehr bekannte Rosenschule in der Nähe von Orléans, Frankreich. Sie hat besonders schöne Ramblerzüchtungen hervorgebracht, z. B. 'Albéric Barbier' (1900) und 'Albertine' (1921).

Der Engländer Peter **Beales**, geb. 1936, ist ein renommierter Rosenkenner und Autor mehrerer Bücher über dieses Thema. Er besitzt eine riesige Rosenschule mit Versand. Eine seiner selbst gezüchteten Edelrosen ist die prämierte 'Anna Pavlova' (1981).

Henry **Bennett** hieß ein englischer Viehzüchter, der zum Rosenzüchter wurde (von 1870 bis 1893). Seine bekannteste Züchtung wurde 'Mrs John Laing' (1887), die Lieblingsrose Rainer Maria Rilkes. Bennetts Arbeiten haben einen entscheidenden Einfluß auf die Entwicklung der öfterblühenden Teehybriden gehabt. Er hat als erster die künstliche Befruchtung, die der Biologe André Dupont entwickelt hatte, serienmäßig durchgeführt, und seinen Züchtungen fügte er einen entsprechenden Stammbaum bei.

James **Booth** war ein Schotte, der in Hamburg Anfang des 19. Jahrhunderts eine erfolgreiche Baumschule betrieb. 'Königin von Dänemark' (1816) ist bis heute eine beliebte Gartenrose.

**Cochet-Cochet**, P. C. M. hieß eine französische Firma der Jahrhundertwende, die bei der Anlage des berühmten Rosariums Roseraie de l'Hay bei Paris beratend tätig war. Nach wie vor gefragte *Rugosa*hybriden wie 'Blanc Double de Coubert' (1891) und 'Roseraie de l'Hay' (1901) stammen aus dieser Rosenschule.

Der englische Züchter David Austin hat sein ganzes Leben in der Grafschaft Shropshire zugebracht. Diese schlichte Schönheit versinnbildlicht die Liebe zu seiner Heimat, sie heißt 'Shropshire Lass' (oben).

'Graham Thomas' wächst zusammen mit einer Schwarzäugigen Susanne. Diese Austin-Rose huldigt einem großen Rosenexperten (oben).
Die stark gefüllte Englische Rose 'Charles Austin' erinnert durch die Andeutung einer Vierteilung ihrer Petalen an 'Gloire de Dijon'. Sie ist aber eine kräftige Strauchrose, die aus der Kreuzung zweier moderner Rosen hervorgegangen ist (rechts).

Eine pompöse Remontantrose des irischen Züchters Alexander Dickson war die dunkelrote 'Earl of Dufferin', die er 1887 als Neuheit auf den Markt brachte.

Die nordirische Züchterfamilie Alexander **Dickson** & Sons kreuzt und vermehrt seit 1836 erfolgreich Rosen. Prominenteste Beispiele sind 'Irish Elegance' (1901), 'Shot Silk' (1924), 'Grandpa Dickson' (1966) und 'Disco Dancer' (1984).

Der Spanier Pedro **Dot** war Gründer des gleichnamigen spanischen Familienbetriebes, der seit etwa 100 Jahren erfolgreich ist. Seine bekannteste Rose ist wohl 'Nevada' (1927). Neuerdings hat sich die Firma einen Namen bei der Entwicklung von Miniaturrosen gemacht.

André **Dupont** (1756–1817) soll der erste gewesen sein, der durch künstliche Befruchtung eine Rosenzüchtung begonnen hat. Er war Leiter des Rosengartens Malmaison der Kaiserin Joséphine.

Edward B. Le **Grice** aus Norfolk, England. 'Dusky Maiden' (1940), 'Allgold' (1955) und 'Lilac Charm' (1962) waren seine besten Rosen.

Père **Guillot** et Fils heißt eine 1826 gegründete französische Familienfirma. Sie ist in die Rosengeschichte eingegangen als Züchterbetrieb der ersten Teehybride 'La France' (1867). Später arbeitete sie entscheidend an der Entwicklung der Polyantharosen mit. 'Ma Pâquerette' (1875) gilt als die Stammutter dieser vielblütigen Beetrosen.

Alexandre Jules **Hardy** (1786–1876) war während der 20er und 30er Jahre des 19. Jahrhunderts Direktor der Jardins du Luxembourg in Paris. Unter seiner Leitung entwickelte sich deren Rosensammlung zu der bedeutendsten Europas. Seiner Frau widmete er seine immer noch beliebte Züchtung 'Mme Hardy' (1832).

Jack **Harkness**, Vizepräsident der Royal National Rose Society, begann 1962 mit der Rosenzüchtung, als er die Firma übernahm, die 1879 von seinem Großvater gegründet worden war. Einige seiner bekanntesten Produkte sind 'Escapade' (1967), 'Alexander' (1972) sowie 'Margaret Merril' (1977). Er gilt heute als Englands bekanntester Züchter.

**Jackson & Perkins** gilt als die größte amerikanische Rosenschule. Sie wurde 1872 gegründet und hat so berühmte Rosenzüchtungen wie 'Dorothy Perkins' (1902) hervorgebracht.

W. **Kordes** & Söhne heißt ein 1887 gegründeter Familienbetrieb in der Nähe von Hamburg. Ihre internationale Reputation gewann die Firma durch Wilhelm Kordes II. (1891–1976), einen der größten, erfindungsreichsten Züchter der Welt. 'Crimson Glory' (1935), 'Frühlingsmorgen' (1942), 'Kordes Sondermeldung' (1950), 'Sympathie' (1964), 'Parkdirektor Riggers' (1957) und die Kordesii-Kletterrosen und viele, viele mehr sind seine „Kinder". Sein Sohn Reimer Kordes (1922–1997) züchtete 'Schneewittchen' (1958), 'Friesia' (1973) und andere Bestseller.

François **Lacharme** war ein erfolgreicher französischer Züchter des 19. Jahrhunderts, besonders bei der Entwicklung von Remontant-, Bourbon- und Noisetterosen. Seine schönsten sind 'Boule de Neige' (1867) und 'Souvenir du Docteur Jamain' (1865).

Peter **Lambert** (1859–1939), war ein deutscher Züchter, der seine größten Erfolge um die Jahrhundertwende hatte. Er arbeitete erst in der väterlichen Firma Lambert & Reiter in Trier, bevor er sich 1891 selbständig machte. Sein herausragender Erfolg war die weiße Remontantrose 'Frau Karl Druschki' (1899), nachdem 'Kaiserin Auguste Viktoria' (1890) schon ein Publikumsliebling geworden war. Immer noch begehrt sind 'Gruß an Zabern' (1904) und 'Gartendirektor Otto Linne' (1934).

Dr. Walter **Lammerts** war ein amerikanischer Gen-Forscher und Pflanzenzüchter, der lange für die Firma „Armstrong Nurseries" in Kalifornien gearbeitet hat. Seine berühmten Kinder sind 'Chrysler Imperial' (1952), 'Queen Elizabeth' (1954) und 'American Heritage' (1965).

M. **Laffay** (1795–1878), ein französischer Züchter des frühen 19. Jahrhunderts, beeinflußte stark die Entwicklung der Remontant-Rosen. 'La Reine' (1842) wurde Stammutter vieler bekannter Nachfolger. Es soll mehr als 4000 Sorten Remontantrosen gegeben haben, bevor Ende des 19. Jahrhunderts die öfterblühenden Teehybriden auf den Markt kamen. Laffay brachte fast 400 Sorten in den Handel, einige davon sind noch im Rosarium Sangerhausen zu sehen.

'La Reine' von Laffay ist die bekannteste unter den ersten Remontant-Züchtungen. Sie eignet sich gut zur Kultur in großen Töpfen.

Louis **Lens** ist der zur Zeit bekannteste belgische Züchter. Ein großer Erfolg wurde seine weiße Edelrose 'Pascali' von 1963.

Samuel **McGredy** & Sons heißt eine berühmte, irische Züchterfamilie, die seit 1828 wunderbare Rosen auf den Markt bringt. 1972 siedelte die Firma unter Sam McGredy IV nach Neuseeland über. Bekannte Sorten sind 'Mrs Sam McGredy' (1929), 'Orangeade' (1959) und 'Piccadilly' (1960).

Bei der Kordes-Rose 'Parkdirektor Riggers' fasziniert die Kombination der karmesinroten Blüten mit dem stark glänzenden dunkelgrünen Laub (oben).

'Friesia' stammt vom norddeutschen Züchter Kordes und zeichnet sich durch Blütenreichtum und Robustheit aus (oben).
Die durch das Wetter angegraute Sitzgruppe harmoniert auf feine Weise mit der strahlenden Pracht von 'Schneewittchen', einer modernen, weißen Rose, die von demselben Haus gezüchtet wurde. Sie gilt als eine der besten Rosen überhaupt (rechts).

Charles **Mallerin** war ein französischer Eisenbahn-Ingenieur, der sich als Amateurzüchter einen unsterblichen Namen machte. Er starb 1960 und hinterließ so berühmte Rosen wie 'Mme Pierre S. Dupont' (1929), 'Virgo' (1947), 'Beauté' (1954) und 'Danse du Feu' (1954).

Hinter dem Namen **Meilland** verbirgt sich eine der berühmtesten Rosenzüchterfamilien der Welt. Gegründet um die Jahrhundertwende, arbeitet die Firma nun bereits in der vierten Generation in Süd-Frankreich. Unglaublich schöne Rosen stammen von dort, u. a. 'Rouge Meilland' (1949) und 'Baccara' (1954). Am berühmtesten wurde aber 'Gloria Dei' (1945), die in den englischsprachigen Ländern 'Peace' genannt wird. Francis Meilland (1912–1958) hat sich um den urheberrechtlichen Schutz von Rosenzüchtungen verdient gemacht. Jetzt sind es seine Enkel, Marie Louise und Paolino Meilland, die sehr erfolgreich mit neuen Züchtungen auf den Markt kommen.

Die französische Rosenschule **Moreau & Robert** wurde Mitte des 19. Jahrhunderts für ihre Moosrosen-Züchtungen bekannt. Charmantes Beispiel ist 'Blanche Moreau' von 1880.

**Parmentier** gehört ebenfalls zu den erfolgreichen Rosenzüchtern des 19. Jahrhunderts in Frankreich. Zwei immer noch beliebte Produkte sind 'Belle Isis' (1845) und 'Felicité Parmentier' (1836).

William und George **Paul** waren bekannte englische Rosenzüchter des 19. Jahrhunderts, die bis zum Ende des Ersten Weltkriegs gearbeitet haben. Von ihnen stammen u. a. 'Ophelia' (1912), 'Paul's Scarlet Climber' (1916) und 'Mermaid' (1918).

Diese *Rosa-moschata*-Züchtung von Joseph Pemberton heißt 'Felicia' und stammt aus dem Jahr 1928 – eine für diese Zeit eher ungewöhnliche Erscheinung.

Joseph **Pemberton** züchtete schon Anfang des 20. Jahrhunderts in Liebe zu den alten Strauchrosen Sorten wie 'Penelope' (1924), 'Cornelia' (1925), 'Felicia' (1928) und andere *Moschata*hybriden. Er stellte sich damit gegen den Trend – der zu der Zeit immer mehr öfterblühende, großblütige Rosen in knallbunten Farben verlangte. Er war einige Jahre Präsident der englischen „Royal Rose Society".

Joseph **Pernet-Ducher** war ein französischer Züchter, der in die damals bekannte Rosenschule Ducher ('Marie van Houtte' von 1871) einheiratete. Durch Kreuzungen mit *Rosa foetida* erzielte er gelbe und zinnoberrote Farbtöne. 'Soleil d'Or' (1900) war in der Schattierung von orangegelb bis scharlach-kupfrig eine Sensation. Weitere berühmte Züchtungen sind 'Cécile

Aus dem Haus der großen Rosenzüchter Moreau & Robert stammt die Portlandrose 'Jacques Cartier' von 1868. Allerdings wird sie von einigen Experten auch als 'Marquise Bocella' des Züchters Desprez identifiziert. Auf jeden Fall ist sie eine zartrosa Schönheit mit einem überreich gefüllten Blütenkopf.

Tantau's 'Duftwolke' ist eine sehr erfolgreiche Edelrose, die ausdauernd blüht und einen betörenden Duft besitzt (oben).

Auch diese beiden Rosen stammen aus dem Hause Tantau: die gefüllte 'Super Star', ein absoluter Bestseller (oben), und eine zarte Schönheit (rechts), kaum gefüllt und mit einem sonnig-gelben Auge, die den etwas unpassenden Namen 'Rock'n Roll' erhalten hat. Vielleicht, weil sie ausdauernd blüht und nicht so leicht „aus der Puste kommt".

Die porzellan-rosa Kletterrose 'New Dawn' von Dr. Walter Van Fleet ist seit ihrem Erscheinen 1930 in unzähligen Gärten heimisch geworden. Hier umrankt sie einen Wintergarten, zusammen mit der kleinblütigen 'Alba Meidiland'.

Brunner' (1881) und 'Mme Caroline Testout' (1890).

Die dänische Züchterfamilie **Poulsen** arbeitet seit über 100 Jahren und inzwischen in der vierten Generation erfolgreich. Besonders schöne *Floribunda*rosen stammen aus dieser Rosenschule, 'Kirsten Poulsen' (1924) und 'Irene von Dänemark' (1948) – nicht zu verwechseln mit 'Königin von Dänemark' (1816) des Schotten James Booth – und viele mehr.

Daniel August **Schwarzkopf** war Hofgärtner in Kassel-Wilhelmshöhe und wahrscheinlich der Züchter der 'Perle von Weißenstein', die 1773 präsentiert wurde und dort immer noch zu sehen ist.

Herbert C. **Swim** war ein amerikanischer Züchter, der ebenso wie Lammerts sehr viel für die Baumschule „Armstrong Nurseries" gearbeitet hat. Seine berühmtesten Kinder sind 'Sutter's Gold' (1950), 'Montezuma' (1956) und 'Pink Parfait' (1961).

Mathias **Tantau** und Sohn sind deutsche Rosenzüchter aus Uetersen in der Nähe von Hamburg. Ihr großer Erfolg gründet sich auf Rosen wie 'Super Star' (1960), die jahrelang meistverkaufte Rose der Welt, was etwas später auch für 'Duftwolke' (1963) galt. 'Mainzer Fastnacht' (1964) ist eine beliebte Edelrose, die in englischsprechenden Ländern sehr treffend 'Blue Moon' genannt wird.

Walter **Van Fleet** hat zwischen den beiden Weltkriegen in den USA die feinsten Rosen hervorgebracht, vor allem öfterblühende, duftende Kletterrosen. Seine 'New Dawn' (1930) wurde weltberühmt. Der Garten von Walter Van Fleet in New Jersey mit seiner Rosensammlung ist ein Mekka aller Rosenliebhaber.

Jean Pierre **Vibert** war einer der ersten großen kommerziellen Züchter überhaupt. Er gründete in Frankreich im Jahre 1815 seine Rosenschule und verbesserte besonders *Gallica*rosen. Seine 'Gloire des Rosomanes' (1825), eine Bourbonrose, soll Vorläuferin der Remontanthybriden gewesen sein. Viele der feinsten Alten Gartenrosen sind sein Werk.

Eine Gemeinschaftsleistung der Züchter Swim und Weeks ist diese in außergewöhnlichen Rottönen gefärbte Edelrose mit dem Namen 'Paradise'.

# *Geeignete Pflanzen als Rosenbegleiter*

Im Spätsommer mischen sich drei Rosen, deren Farbtöne von Gelb bis Rosagelb variieren, mit Dahlien, Phlox, Garben und Heuchera. 'Graham Thomas', 'Apricot Nectar' und 'Sweetheart' wiederholen dabei das Farbenspiel der Phloxblüten und binden so die Komposition zusammen.

Die Rosen früherer Jahrhunderte waren mehr oder minder große Sträucher, die meist als Hecken angepflanzt worden waren. In den formalen Gärten der Renaissance wuchsen Rosen oft in großen Urnen oder Töpfen, sicherlich auch als einzeln stehende Büsche, die symmetrisch in Reihen oder auf quadratischen Beeten angeordnet waren. Eine lange Zeit kultivierte man dann Rosengärten, durch Hecken vom übrigen Garten getrennt, in die keine anderen Blumen gepflanzt wurden. Die einzelnen Beete wurden mit niedrigem Buchsbaum eingefaßt und manchmal durch immergrüne Formschnittfiguren geschmückt. Besonders in der Zeit des Landschaftsgartens des 18. und 19. Jahrhunderts, in dem Blumenbeete nicht vorkamen, waren diese „Rosenzimmer" neben dem Haus eine Möglichkeit, der Liebhaberei der Blumenpflege weiterhin nachgehen zu können. In den formalen Gärten zu Beginn des 20. Jahrhunderts paßten Hochstammrosen – ähnlich wie in den Gärten des Biedermeier – und rechtwinklige Rosenbeete hervorragend zu den damals beliebten Teehybriden. Die Unterpflanzung bestand oft nur aus kleinen einjährigen Blumen, denn diese Rosen stellten florale Einzelschaustücke dar, die keine Konkurrenz vertrugen.

Im Dämmerlicht eines Sommerabends schimmert die Rose 'Clair Matin' inmitten einer dichten Staudenpflanzung.

### *Natürlich wirkende Üppigkeit*

Heute hat man sich wieder den Strauchrosen und ihren kleineren Verwandten, den Beetrosen, zugewandt, denn gärtnerisches Ziel ist es, natürlich wirkende Üppigkeit zu gestalten. Auch nackte Erde soll nicht mehr zu sehen sein. Nicht nur darin sind sich die Ökologen mit den Gartenästheten einig, sondern generell in der Bevorzugung einer gemischten Bepflanzung. Wenn Rosen in einer Monokultur stehen, werden sie leichter krank. Eine Mischung mit anderen Pflanzen ist nicht nur anmutiger, sondern mindert auch das Risiko von Pilzbefall und Läusen.

Grundsätzlich kann man Begleitpflanzen für Rosen in drei Kategorien einteilen.

Sie sind

1. entweder gleichrangige Partner in einer gemischten Pflanzung,
2. beruhigender oder kontrastierender Hintergrund oder
3. niedriger und gleichsam ein Kissen, auf dem die Rose ruht.

Die wüchsige Strauchrose 'Schneewittchen' behauptet sich in der dekorativen Nachbarschaft des üppigen Geißbarts *(Aruncus dioicus)*.

In einer üppigen Staudenrabatte geben Rosen – von links nach rechts 'Arthur Bell', 'Friesia' und 'Prosperity' – mit ihrem aufrechten Wuchs und den kompakten Blütenköpfen eine gewisse Struktur, wie diese zauberhafte, gelb-weiße Zusammenstellung beweist.

Welche Pflanzen die idealen Begleiter für Rosen sind, hängt in erster Linie von den Wachstumsbedingungen ab: Rosen sind Tiefwurzler, die schwere, nährstoffhaltige Erde lieben. Der bevorzugte lehmhaltige Boden muß regelmäßig gelockert und gelüftet werden. Rosen brauchen mehrmals im Jahr eine Gabe Dünger, und zu viel Kalk mögen sie auch nicht. Da liegt es auf der Hand, daß eine Unterpflanzung, die einen dichten Wurzelfilz bildet, den Rosen nicht nur die Luft nimmt, sondern auch unpraktisch ist in bezug auf ihre Pflege. Maiglöckchen *(Convallaria)* und Stachelnüßchen *(Acaena)* kommen deshalb eindeutig nicht in Frage.

Rosen und Lavendel haben unterschiedliche Ansprüche an ihren Standort. Bei entsprechend differenzierter Pflege kommt man aber leicht in den Genuß dieser optisch perfekten Partnerschaft.

### *Unterschiedliche Ansprüche*

Der für die Rosen so wichtige Nährstoffreichtum läßt aber manche Begleiter unmäßig wuchern: sie verweichlichen, werden selbst krankheitsanfällig und frostempfindlich. Eigentlich sind Rosen und Lavendel *(Lavandula)* so ein ungleiches Paar, denn Lavendel mag es eher mager und kalkhaltig. Soll diese beliebte Kombination funktionieren, muß der Lavendel in einem gewissen Abstand stehen und in das Pflanzloch eine Portion Sand bekommen haben. Der Dünger für die Rosen wird ihn aber trotzdem erreichen, und er benötigt deshalb auf jeden Fall einen jährlichen kräftigen Rückschnitt. Man kann sich bei der unterschiedlichen Behandlung des Bodens helfen, indem man Rosen und ihre Begleitpflanzen in einem gewissen Raster zueinander setzt, so daß sich Streifen oder andere erkennbare Flächen ergeben. Besonders wichtig ist das bei modernen Beet- und Edelrosen, die recht stark beschnitten werden und viel Dünger brauchen.

Viele einmalblühende, historische Rosen und besonders die Wildrosen benötigen derartige Pflege nicht oder kaum. Sie begnügen sich oft mit kargen Bodenverhältnissen und sind widerstandsfähiger gegenüber ihrer Konkurrenz. Dies ist übrigens auch ein Grund, Alte und moderne Rosen nicht gedankenlos zu mischen, abgesehen von den unterschiedlichen Blütenformen und den sehr stark voneinander abweichenden Blütenfarben. Eine Ausnahme bilden die vielblütigen Beet- und Strauchrosen, die in ihrem Habitus den Alten Rosen ähnlich sind; darauf wird in den Rosenkatalogen aber auch hingewiesen.

## *Farbkompositionen*

Ein weiteres Kriterium ist die Farbe der Rosen, für die eine Begleitung gesucht wird. Blätter und Triebe können von Hellgrün bis Rotbraun variieren, und die Blüten durchlaufen von der Knospe bis zum Verblühen oft eine ganze Farbskala. Es ist immer sehr schön, wenn sich einer dieser Töne bei den Nachbarpflanzen wiederfindet. Das Rosa der Knospe oder das Dunkelrot der Triebe einer weißblütigen Rose z. B. kann sich in roten oder rosa Nelken *(Dianthus)*, Lupinen *(Lupinus)*, Malven *(Malva)* und Flammenblumen *(Phlox)* wie ein Echo wiederholen. Schwierig sind gelbe Rosen. Ihre Farbe ist oft sehr zart, ihre Wirkung wird leicht durch das Knallgelb mancher Stauden überlagert. Deshalb ist es günstiger, wenn das begleitende Gelb eher grünlich ist wie beim Frauenmantel *(Alchemilla mollis)*, Tabakpflanzen *(Nicotiana langsdorffii)* oder gelb-grünen Zinnien *(Zinnia)*. Weiß paßt natürlich immer, auch Blauvariationen können reizvoll sein. Pflanzen mit gelbpanaschiertem Laub sind attraktive Begleiter für gelbe Rosen. Soll die Rose nicht unbedingt die Hauptrolle im Beet spielen, kann man ihre Farbe auch als Nuance einer Gesamtkomposition nutzen. Dann können gelbe Rosen in einer sogenannten *hot border*, einem Beet mit warmen Farben, schöne Tupfer zwischen orangen, roten, rostbraunen und anderen gelben Blumen ergeben. Dazu würden auch die Kupfer- und Lachstöne passen.

Bei roten und rosa Rosen ist die Tönung entscheidend. Blaustichige Sorten harmonieren natürlich immer mit Blau, Pink und Weiß. Ein Zartlila – wie z. B. bei einigen Herbstastern – wirkt auch sehr schön. Dabei darf man die Staubgefäße nicht vergessen, die manchmal kräftig goldgelb sind und die gewünschte Farbkomposition empfindlich stören können. Gelbrote oder cremerosa Rosen passen zu Blaßgelb, Weiß und hellen, weichen Blautönen.

Hier rankt eine Klematis durch eine Strauchrose 'Clair Matin'. Die Tönung der Rose ist wie eine blasse Abstufung des Dunkelrot ihrer Begleiterin, der *Clematis* 'Mme Julia Correvon'.

## *Harmonie mit Laub und Blattwerk*

Ein zu Recht sehr beliebtes Beiwerk zu allen Rosen sind Pflanzen mit grauem oder silbernem Laub. Alle Blütenfarben werden durch diese kühle, metallische Umrahmung hervorgehoben, und diese Pflanzen machen den Rosen den ersten Platz in der

Rosen vertragen sich gut mit vielen anderen Kletterpflanzen. Die von Gelb zu Rosa changierende 'Alchymist' paßt wunderbar zu der Jelängerjelieber 'Dropmore Scarlet', die beide Farbtöne intensiv wiederholt.

Der gelb-grüne Frauenmantel *Alchemilla mollis* ist ein idealer Begleiter zu gelben Rosen. Hier schmückt er die entzückende Englische Rose 'Yellow Button', deren fast überquellende Blütenblätter von der Knospe zum Verblühen einen reizvollen Farbverlauf zeigen.

Die weiß-rosa Lupine hat es geschafft, durch eine *Rosa gallica* 'Officinalis' hindurchzuwachsen. Partnerschaften, bei denen ein Farbton variiert wiederauftaucht, sind immer wirkungsvoll.

Rangfolge im Beet nicht streitig. Auch hier muß die Blütenfarbe der Silbergrauen bedacht werden, oder man schneidet ganz rigoros den unpassenden Flor ständig ab. Das gilt auch für die Nachbarpflanzung mit Funkien *(Hosta)*, bei denen nicht nur das Blattwerk von Grau-Grün, Bläulich bis zu Gelb-Grün tendieren kann, sondern auch ihre Blüten sind bei weitem nicht alle weiß, sondern manche haben eine schmutzig-lila Färbung, die unschön sein kann. Funkien sind ansonsten reizvolle Partner, weil ihre Blätter und ihre Wuchsform einen guten Gegensatz zu Rosenbüschen bilden. Das gilt ebenso für Bergenien *(Bergenia)* mit ihren breiten, dicken Blättern, aber auch für Mohnstauden *(Papaver)*, die verschiedenen Gräser und Schleierkraut *(Gypsophila)*. Diese kontrastierenden Blattstrukturen können noch durch die Betonung vertikaler Linien ergänzt werden. Königskerzen *(Verbascum)*, Jakobsleiter *(Polemonium)*, Steppenkerzen *(Eremurus)* und vor allen Dingen natürlich weißer Fingerhut *(Digitalis)* stehen aufrecht in der Rosengesellschaft. Auch der Klassiker unter den Begleitstauden, der Rittersporn *(Delphinium)*, besticht durch seine „Aufrichtigkeit".

Die meisten Zwiebelpflanzen machen sich gut neben Rosen. Sie bilden alle keine ausgedehnten Wurzelwerke, und bei den Frühjahrsblühern wird das vergilbende Laub durch das später erscheinende Rosenlaub zum Teil verdeckt. Aufpassen muß man allerdings beim Hacken im Laufe des Jahres und beim Anhäufeln der Rosen im Herbst, daß die Zwiebeln nicht beschädigt werden. Dabei kann eine unauffällige Markierung mit einem kleinen Holzschild sehr nützlich sein.

### *Gemischte Rabatten*

Auf den schönen Bildern in den Gartenbüchern scheinen die Pflanzen in einer gemischten Rabatte ganz dicht beieinander oder sogar durcheinander zu stehen. Dies ist aber oft ein fototechnisch bedingter Eindruck. Denn tatsächlich benötigen alle Pflanzen nicht nur genügend Raum für ihre Wurzeln, sondern auch ihre Blüten und ihr Laub entfalten sich nicht, wenn sie sich erst durch andere Gewächse hindurcharbeiten müssen. Zwiebelpflanzen, die durch Efeu wachsen oder Kletterpflanzen, die ihren Weg zwischen anderen Sträuchern finden, sind da die

Farbabstufungen bläulich-roter Töne, von tiefstem Purpurlila bis zu hellem Pink, finden sich in dieser Pflanzung aus Rosen, Mohn und Fingerhut. Die weißen Blüten dazwischen geben die nötige Helligkeit, damit das Ganze nicht düster wirkt.

Eine Rabatte aus Strauchrosen und hohen Stauden wirkt sehr imposant. Diese Zusammenstellung von Steppenkerzen *(Eremurus robustus)* mit der kleinblütigen 'Gartendirektor Otto Linne' ist ein schönes Beispiel.

Ausnahmen. Klematis z. B. rankt sehr mutig durch Rosen hindurch und bildet mit ihnen schöne Farbkombinationen. Madonnenlilien *(Lilium candidum)*, Steppenkerzen *(Eremurus)*, Rittersporn *(Delphinium)* und Fingerhut *(Digitalis)* aber stehen alle in einem respektvollen Abstand zu ihrem Rosenpartner, sonst würden schon bei mäßigem Wind die zarten Blüten von den Rosenstacheln zerfetzt werden.

Beetrosen teilen sich den Platz in einer gemischten Rabatte gerne mit folgenden Pflanzen: Flammenblume *(Phlox)*, Ochsenzunge *(Anchusa)*, Ehrenpreis *(Veronica)*, Nachtviole *(Hesperis matronalis alba)*, Wolfsmilch *(Euphorbia)*, Schleierkraut *(Gypsophila)*, Feinstrahlastern *(Erigeron), Gillenia trifoliata*, Herbstanemonen *(Anemone japonica* und *Anemone hupehensis)*, Eisenhut *(Aconitum)*, Palmlilie *(Yucca)*, Lupinen *(Lupinus)*, Akelei *(Aquilegia)*, Glockenblumen *(Campanula)*, Winterastern in zarten Farben *(Aster amellus, Aster frikartii, Aster lateriflorus, Aster novi-belgii)*, Garben *(Achillea)*, Witwenblumen *(Scabiosa)*, Ziersalbeiarten *(Salvia)*, Roter Sonnenhut *(Echinacea)*, Spornblume *(Centranthus ruber)*, Sterndolde *(Astrantia)*, niedrige Hortensien *(Hydrangea)* und mittelhohe Gräser.

Gleichrangige Partner sind ebenfalls Sträucher, die mit größeren Strauchrosen schön zu kombinieren sind, wobei man natürlich auf die Größe des ausgewachsenen Strauches und seine Blütenfarbe achten muß. Dazu gehören Sommerflieder *(Buddleja)*, Hartriegel *(Cornus kousa* und andere*)*, Kolkwitzie *(Kolkwitzia amabilis)*, Tamariske *(Tamarix pentandra)*, Schneeflockenstrauch *(Chionanthus)* sowie Falscher Jasmin *(Philadelphus* 'Belle Etoile' und 'Lemoinei' und andere Züchtungen), Fingerstrauch *(Potentilla)* und Hortensien *(Hydrangea)*.

### *Hecken und Hintergrundpflanzungen*

Eine schöne Hecke, die bei Vögeln sehr beliebt wäre, pflanzt man aus *Rosa multiflora*, Felsenbirne *(Amelanchier), Rosa gallica*, Felsenmispel *(Cotoneaster), Rosa canina*, pflaumenblättrigem Weißdorn *(Crataegus prunifolia), Rosa rugosa* und Schneeballsorten *(Viburnum)*. Als ein guter Hintergrund für Rosen eignet sich Eibe *(Taxus)*. Aber auch eine Wand aus Rotbuche *(Fagus sylvatica)*, Stechpalme *(Ilex)*, Wacholder *(Juniperus)* und niedriger Hemlocktanne *(Tsuga)* würde passen. Bei der Tanne

Eine mutige Mischung verschiedener Farben gelingt hier zu einem bunten Sommerbild. Fingerhut und Rittersporn stehen vor den Rosensträuchern 'Betty Prior' (Mitte, altrosa), 'Westerland' (hinten, rotgold), 'Eyepaint' (vorn, kirschrot) und 'Fritz Nobis' (rechts, rosa).

Generell ist die Zusammenstellung von Kalifornischem Mohn *Eschscholzia californica* und Rosen eine heikle Angelegenheit. Ausnahmen bestätigen die Regel: wenn die Farbkombination so delikat ausgeführt ist wie hier. Zwischen dem dunklen Magentarot der Englischen Rose 'Prospero' wirken die orangeroten Schlafmützchen sehr aufregend.

Die geschnittenen Buchsbaumflächen bilden eine strenge, graphische Basis für die grazilen Hochstammrosen 'Schneewittchen'. In der Mitte dieser formalen Anlage wird ein steinernes Pflanzgefäß von Lavendel umhüllt.

muß wegen der sich ausbreitenden Wurzeln genügend Abstand gewahrt bleiben. Einige der hier aufgeführten Pflanzen, natürlich auch Buchsbaum *(Buxus)*, können als Formschnittgehölze oder unbeschnitten als strukturgebende Solitäre in einem Rosenbeet sehr dekorativ sein. Rosen stehen übrigens nicht gerne in der Nähe von Thuja-Sträuchern, das gilt auch für Rhododendron und Kirschlorbeer *(Prunus laurocerasus)*, die man in gebührendem Abstand pflanzen sollte.

Hohe Stauden geben für niedrigere Beetrosen geeignete Hintergrundpflanzungen ab: Silberkerze *(Cimicifuga)*, Rittersporn *(Delphinium)*, Alant *(Inula)*, Königskerzen *(Verbascum)*, Fingerhut *(Digitalis)*, Jakobsleiter *(Polemonium)*, Mädesüß *(Filipendula)*, Schmuckdisteln *(Eryngium)*, Stockrosen *(Alcea)*, Taglilien *(Hemerocallis)* und hohe Gräser gehören dazu.

### *Niedrige Begleiter und Zwiebelpflanzen*

Die hellgelbe Rose 'Lichtkönigin Lucia' harmoniert fein mit den Sternchenkugeln eines Zierlauchs.

Als niedrige Begleiter und hübsche rundliche Polster vor den Rosen kommen diese Pflanzen in Frage: Katzenminze *(Nepeta)*, Frauenmantel *(Alchemilla mollis)*, Schleifenblume *(Iberis sempervirens)*, Fette Henne *(Sedum* – auch *Sedum album)*, Nelken *(Dianthus)*, Storchschnabel *(Geranium)*, Funkien *(Hosta)*, Purpurglöckchen *(Heuchera sanguinea)*, Bergenien *(Bergenia)*, Hornveilchen *(Viola cornuta)* sowie Knautie *(Knautia)*, Ballonblume *(Platycodon)*, Thymian *(Thymus)*, niedrige Gräser, niedriges Schleierkraut *(Gypsophila cerastioides)*, Petersilie, Erdbeeren, niedrige Salvien, niedrige Glockenblumen *(Campanula carpatica, Campanula portenschlagiana, Campanula garganica)*, Rosmarin und natürlich Lavendel.

Lavendel *(Lavandula)* gehört in die Kategorie der silberblättrigen Begleiter wie Wollziest *(Stachys)*, Hornkraut *(Cerastium)*, Perlpfötchen *(Anaphalis)*, Beifuß *(Artemisia*, bei dem man die Rosen gewissenhaft vor den Ausläufern schützen muß*)* sowie Nelken-Sorten *(Dianthus)*, Lichtnelke *(Lychnis coronaria alba)*, Russischer Salbei *(Perovskia)* und Heiligenblume *(Santolina chamaecyparissus)*. Außerdem gibt Lavendel eine angenehme, niedrige Hecke für Rosenbeete ab, die sich aber auch mit Buchsbaum *(Buxus)*, Heide *(Erica mediterranea)*, Spindelstrauch *(Euonymus* 'Silver Queen'*)*, Rosmarin, niedrigem Fingerstrauch *(Potentilla)* und Katzenminze *(Nepeta)* bilden läßt.

Unter den Zwiebel- und Bulbenpflanzen passen die folgenden gut zu Rosen: Lilien, Steppenkerze *(Eremurus)*, Zierlauch *(Allium)* als hohe Begleiter. Tulpen, weiße Narzissen, Perlhyazinthen *(Muscari)*, Blaustern *(Scilla siberica)*, Herbstzeitlose *(Colchicum autumnale)*, Märzbecher *(Leucojum)* und Schachbrettblumen *(Fritillaria meleagris)* können gut davor und dazwischen gepflanzt werden. Mit Katzenminze *(Nepeta)* oder niedrigen Storchschnabelkissen *(Geranium)* sollten später die vergilbenden Blätter dieser Frühlingsblüher verdeckt werden, wenn der Rosenbusch das nicht selbst tut.

Immer eine gelungene Verbindung bilden Kletterrosen und Klematis. Das Tintenblau von 'The President' verstärkt die Wirkung des Zartrosa der Rose 'Johanna Röpke' und umgekehrt.

### *Einjährige und Kletterer*

Auch Sommerblumen, an Ort und Stelle ausgesät, können reizende Begleiter für Rosen sein. Sie haben in der Regel keine weitreichenden Wurzelsysteme und vertragen Rosendünger ausgesprochen gut. Jungfer im Grünen *(Nigella damascena)*, Kornblumen *(Centaurea cyanus)*, Trichtermalven *(Lavatera)* sowie Schmuckkörbchen *(Cosmos* bzw. *Bidens* und *Diascia)*, Vergißmeinnicht *(Myosotis)*, Schmuck-Salvien und Ziertabak *(Nicotiana)* kommen in Frage.

Klematis, Kletterhortensien *(Hydrangea petiolaris)*, Jelängerjelieber *(Lonicera)* und einjähriges *Tropaeolum speciosum* sind passende Begleiter, sie ranken schön in Kletterrosen hinein und geben farblich gut abgestimmt ein zauberhaftes Bild. Auch mit Duftwicken kann man es bei niedrigen Kletterrosen versuchen. Die Rankrosen selbst vertragen sich mit Eiben, Ilex, Kiefern, Robinien, Zierobst und alten Obstbäumen als helfendem Kletteruntergrund. Wichtig ist, daß das Blattwerk der Gehölze nicht zu viel Schatten wirft und daß sich die Wurzeln nicht zuviel Konkurrenz machen.

Mit Sommerblumen, Stauden und Zwiebeln kann man ruhig ein wenig herumexperimentieren, es macht ihnen nichts aus, wenn sie im Herbst oder Frühjahr einen neuen Standort bekommen. Neugepflanzte Rosen entwickeln sich erst nach drei Jahren zu ihrer endgültigen Größe, und die richtige Farbzusammenstellung erweist sich auch oft erst während des Gartenjahres. Dafür kann es im nächsten Sommer um so schöner werden.

Eine kunterbunte Unterpflanzung mit einjährigen Blumen schmeichelt den verschiedenen Hochstammrosen. Am Rande eines dekorativen Gemüsegartens blühen Tabakpflanzen *(Nicotiana)*, Heliotrop, Studentenblumen *(Tagetes)*, Mittagsgold *(Gazania)* und viele andere.

Ein Zweig der Strauchrose 'Nevada' neigt sich dekorativ über seine Nachbarin, eine Hortensie *(Hydrangea petiolaris)*. Sie blüht immer noch, wenn die Pracht der Rose vergangen ist. Eine ideale Zusammenstellung im Hintergrund einer Rabatte.

*Pflanzen, die nicht mit Rosen harmonieren*

Ganz zum Schluß sollen noch die Pflanzen aufgelistet werden, die auf keinen Fall oder nur schlecht mit Rosen harmonieren: Maiglöckchen *(Convallaria)*, Efeu *(Hedera)*, Salomonssiegel *(Polygonatum)*, Schlingknöterich *(Polygonum baldschuanicum)*, Baumwürger *(Celastrus)* sowie Blauregen *(Wisteria)*. Immergrün *(Vinca)*, Nesseln *(Lamium)*, Goldfelberich *(Lysimachia)*, Lungenkraut *(Pulmonaria)*, Elfenblume *(Epimedium)*, Stachelnüßchen *(Acaena)* und Bleiwurz *(Ceratostigma)* wuchern zu stark. Bei dem schmückenden Ziest *(Stachys)*, Beifuß *(Artemisia)* und bei einigen Storchschnabelsorten muß ein schützender Abstand gewahrt bleiben, und alle Ausläufer in Richtung Rose müssen entfernt werden.

Trollblumen *(Trollius)*, Dahlien, Iris, Studentenblumen *(Tagetes)*, Ringelblumen *(Calendula)*, Sonnenhut *(Rudbeckia)*, Kapuzinerkresse *(Tropaeolum)*, Kokardenblume *(Gaillardia)* sowie Zinnien, Kalifornischer Mohn *(Eschscholzia californica)* und Karthäusernelken *(Dianthus carthusianorum)* sind von ihrem Erscheinungsbild und ihren Farben her eine riskante Angelegenheit und müssen sorgfältig mit der Rosenfarbe abgestimmt werden.

Der dekorative Goldfelberich *(Lysimachia)* ist eine wuchernde Staude, die allen Platz, Wasser und Nahrung um sich herum beansprucht. Ein großer Abstand zu Rosen ist deshalb dringend angeraten.

# Gestaltungsbeispiele

An das impressionistische Gemälde „Bassin du Jas de Bouffau“ von Paul Cézanne (1839–1906) erinnert dieser Busch der Rose 'Raubritter', der sich wie sein malerisches Vorbild um den Rand eines Wasserbeckens in Mottisfont Abbey schmiegt.

Auch auf dem Balkon können Rosen blühen. Speziell für diesen Zweck gezüchtete kleinblütige Kletterrosen und kleine Beetrosen, die man alle gut in Töpfen kultivieren kann, gibt es inzwischen überall zu kaufen.

Überall und in jedem Garten können Rosen blühen. Die Vielfalt ihrer Farben und Wuchseigenarten bietet unendliche Möglichkeiten, und zusätzlich erhält man bei der Betrachtung des Weges der Rose durch die Geschichte eine Fülle von Anregungen für ihre Verwendung. Die Kultur in Töpfen im antiken Griechenland wird heute für Balkonbesitzer wieder interessant sein; Rosenhecken, früher als Schutz gegen Tiere angepflanzt, sind passender für ländliche Gärten als Jägerzäune; biedermeierliche Strenge und später viktorianische Geziertheit haben Hochstammrosen populär gemacht – heute passen sie in formale Stadt- und Reihenhausgärten.

Das Angebot an Rosen ist dabei inzwischen so groß wie kaum jemals zuvor. Sicherlich sind besonders in den letzten Jahren des 19. Jahrhunderts Tausende von Remontantrosen auf den Markt gekommen, die teilweise auch schnell wieder verschwanden, und dafür waren die historischen Rosen nicht mehr zu haben. Jetzt kann der „Liebhaber", wie Rosenfreunde in alten Zeitschriften genannt werden, aus der ganzen Palette der Möglichkeiten wählen.

Die Wiederentdeckung der Alten Rosen mit ihrem Duft und ihrem rüschigen Charme hat die edlen, samtblättrigen Teehybriden fast in den Hintergrund gedrängt. Kletterrosen gibt es in allen Variationen: klein, charmant und öfterblühend; steif, aufrecht und edelblütig; wuchernd, wild und duftend; großblumig, großblättrig und in auffallenden Farben. Die Auswahl bei den kleineren Rosenbüschen, den sogenannten Beetrosen, ist inzwischen sehr groß und wird dem Wunsch vieler Gartenbesitzer gerecht, in natürlich wirkenden Staudenanlagen auch Rosen zu pflanzen. Bei den Beet- und den Strauchrosen findet man unter anderem altmodische Remontantrosen und die etwas höheren, steiferen Floribundarosen mit ihren Büscheln edel geformter Blüten, die nach wie vor wunderbar als Schnittblumen geeignet sind, und auch unter den Bodendeckerrosen gibt es ganz reizende Exemplare. Blättert man in den Katalogen der großen Rosenversender, fällt die Entscheidung schwer. Bunte Bilder, blumige Beschreibungen, berühmte Namen können verwirrend wirken. Oftmals tauchen die bekannten Rosen auch noch in den verschiedenen Kategorien auf: 'Schneewittchen' (syn. 'Iceberg') z. B. als Beetrose, Hochstamm- und Kletterrose. Welche soll man nehmen?

## *Auswahl der Rosen*

Ausgangspunkt der Gedanken über eine Gestaltung mit Rosen sollte aber nicht der Wunsch nach einer bestimmten Art oder Sorte sein, sondern der Platz im Garten, der verschönert werden soll. Oft ist es jedoch gerade umgekehrt. Man erwirbt – oder erhält – eine Pflanze und überlegt: „Wohin damit?" Viel besser wäre es, den Garten mit Muße zu betrachten und sich die Wirkung vorzustellen, die hier und dort erzielt werden soll. Daraus ergibt sich dann die am besten geeignete Pflanze. Notiert man die möglichen Verbesserungen, so kann man in Gärtnereien oder auf Pflanzenmessen stöbern und Besonderheiten ergattern.

Da ist zunächst einmal das Haus. Bei der Wahl einer Kletterrose für die Wände muß man bedenken, daß die Haupttriebe aufgebunden werden müssen. Entsprechende Vorrichtungen, Spaliere oder gespannte Drähte, sind also Voraussetzung. Am spektakulärsten sind in ihrer Üppigkeit natürlich die Ramblerrosen, die mit ihren teilweise über sechs Meter langen Trieben kleine Häuschen gänzlich überdecken können. Es ist nicht einfach, diese Pracht zu bändigen. Ist es ein verputztes Haus, das alle Jahre einmal einen neuen Anstrich benötigt, so sollte man eine moderne Teehybrid-Kletterrose auswählen, die unter Umständen mitsamt dem Spalier zu Boden gelegt werden kann. Unter diesen Rosen findet man auch Sorten, die gerade bis zur Fensterbank reichen, oder die man um das Fenster herumführen kann. Dabei sollten die Rosen einen ausgeprägten Duft haben, der durch die geöffneten Fenster in die Wohnung strömen kann. Kletterhilfen aus flachen Holzleisten in Trompe-l'œil-Technik (optische Täuschung) sind besonders hübsch, da sie auch im Winter ohne Rosenschmuck reizvoll aussehen. Haustüren kann man ebenfalls mit Kletterrosen schmücken, die an der Wand entlang oder über ein Gerüst geführt werden. Dabei kann man die Kletterhilfe als Rosenbogen oder flache Pergola vor den Eingang bauen und erhält so eine Art Rosen-Windfang.

Über der Eingangstür wölbt sich die zartrosa Kletterrose 'New Dawn', während eine kirschrote 'Paul's Scarlet Climber', die etwas weniger ausufernd wächst, unter dem Fenster das Haus schmückt.

Eine weißblütige Ramblerrose 'Seagull', die über eine Hecke wächst, trennt zwei Gartenräume voneinander. In den von Buchs gesäumten Beeten stehen verschieden hohe Beet- und Strauchrosen – vorn die rosafarbene 'Comte de Chambord' und weiter hinten die dunklere 'Charles de Mills' (oben).

Hübsche schattige Wege oder Sitzplätze kann man mit Kletterrosen bilden, die über eine Pergola ranken (oben).
Kletterrosen verkahlen leicht im unteren Teil. Dieser Umstand wird hier zum Vorteil ausgenutzt, indem vor die weiße Wand dunkelrosa Fingerhut gesetzt wurde. Die Farbpalette der Rosen – 'Mme Alfred Carrière', 'Paul Transon', Chaplin's Pink Climber' und 'New Dawn' (von rechts nach links) – harmoniert mit dem Blau des Lavendels und dem Rosa der Fingerhüte (links).

*Der geeignete Platz*

Einige Kletterrosen verkahlen schnell an ihrer Basis. Dann pflanzt man entweder etwas höhere Stauden, z. B. Wolfsmilchgewächse *(Euphorbien)* dazu, oder, wenn die Rose aus einem Pflanzloch im Pflaster heraustreibt, stellt man eine attraktive Gruppe von Topf- und Kübelpflanzen davor. Auch eine Klematis mit kurzen Trieben verschönt den unteren Teil einer Kletterrose, zusätzlich ergeben sich dabei sehr reizvolle Farbkombinationen.

Der überschäumende Wuchs mancher Beetrosen ist sehr schmeichelhaft für gerade Einfassungen aus Buchs. Sie mildern die Strenge von Mauerwerk aller Art im Garten.

Direkt am Haus sollten weder Wildrosen noch zu hohe Strauchrosen gepflanzt werden, da sie im Winter vor der Wand zu struppig aussehen. Hier passen Beetrosen mit rundlichem Wuchs besser, wie auch Edelrosen mit ihrem eher gestelzten Aussehen einfacher am Haus als mitten im Garten zu plazieren sind. Immer sind das Material und die Farbe des Hauses entscheidend. Backstein harmoniert nicht mit allen Rottönen, und weißer Putz ist ein zu greller Hintergrund für dunkle Rosen. Zur Bedeckung von Treppenwangen oder niedrigen Einfassungsmauern, die zum Haus führen, eignen sich Bodendeckerrosen oder Beetrosen, die sehr niedrig bleiben und bei denen die Triebe flach liegen. 'Max Graf' und 'Raubritter' sind Beispiele. Diese Rosen umschmeicheln auch gemauerte Einfassungen von Sitzplätzen, Gartenteichen oder Wasserbecken und sind in Form von niedrigen Hecken liebliche Wegbegleiter. Bodendecker wie 'Little White Pet' oder 'Sternenflor' füllen von Buchsbaum gefaßte Beete, aus denen Hochstammrosen dann wie aus einem Schaumbad herausragen.

*Kletterhilfen*

Senkrechte Betonungen und Markierungen für unterschiedliche Bereiche werden im Garten durch Bäume gebildet oder mit Pergolen, Bögen, Säulen und Obelisken künstlich erzielt. Schon 1728 hat ein gewisser Batty Langley in seinem Buch „Neue Grundsätze für die Gartengestaltung" empfohlen, Kletterrosen in Bäume hineinwachsen zu lassen. Dabei muß man aber vorsichtig sei, denn mancher Rambler, wie z. B. 'Kiftsgate', kann für einen alten Obstbaum, der schon etwas morsch ist, zu schwer werden. Andere Baumkletterer sind 'Kew Rambler',

Mit dekorativen Töpfen lassen sich kahle Füße oder Löcher, die sich an manchen Rosen bilden, die am Rande einer gepflasterten Terrasse wachsen, geschickt verdecken. Auch farblich ist die magentafarbene Lichtnelke *(Lychnis coronaria)* eine reizvolle Ergänzung zu der Alten Strauchrose 'Russelliana' – die auch 'Old Spanish Rose' genannt wird.

Im Rosenpark Bagatelle in Paris gibt es vielfältige Beispiele für die Verwendung von Rosen. Das Emporziehen von Kletterrosen an zylindrischen Gestellen, wie man es im Hintergrund zwischen den Hochstämmchen erkennen kann, ist inzwischen aus der Mode gekommen. Der Maler Claude Monet benutzte in seinem Garten in Giverny dazu gekappte Stämme von Fichten (oben).

Jede Säule des Pavillons im Rosarium L'Hay les Roses bei Paris wird von einer anderen Kletterrose umsponnen. Im Vordergrund rechts die scharlachroten Blüten von 'Paul's Scarlet Climber' und links daneben das Blühwunder 'American Pillar' in sattem Pink (oben).
Schwingende Rosengirlanden wirken elegant. Sie waren vor 100 Jahren sehr beliebt, und man benutzt sie immer noch als optische Raumteiler. Besonders schön rankt die weiße 'Climbing Reine des Neiges' – ein Sport der Remontantrose 'Frau Karl Druschki' – über den Blüten einer erdbeerroten Beetrose 'Duftwolke' (links).

Mit dem ungebärdigen Wuchs der kleinblütigen Ramblerrosen, deren Abstammung auf eine *Rosa multiflora* zurückzuführen ist, lassen sich Bäume schmücken oder kleine Häuser ganz bedecken. 'Bobbie James' wirkt wie eine späte Kirschblüte über dem Rittersporn und der dunkelrosa Moschatahybride 'Belinda'. Auch die weiße Kletterrose links, 'The Garland', soll von einer *Rosa moschata* abstammen (oben).

Überwältigend ist die Fülle der Blüten von 'Rambling Rector', die sich aus cremefarbenen Knospen strahlend weiß entfalten. Auch im Herbst schmückt diese Ramblerrose den Baum mit vielen reizenden roten Hagebutten (rechts).

In einem großen Garten ist die Anlage eines Rosentunnels etwas sehr Romantisches. Im Rosarium L'Hay les Roses blühen die kirschrote 'Excelsa' und ihre blasse Gefährtin 'Santa Catalina' während des Hochsommers. Durch das Aufbinden einzelner Triebe und den akkuraten Rückschnitt aller anderen unmittelbar nach der Hauptblüte im Juni/Juli wird die adrette Form erhalten.

'Lykkefund', 'Paul's Himalayan Musk' und 'Bobbie James'. Rambler wachsen willig in alle Bäume hinein, die ein luftdurchlässiges Laub- oder Nadeldach besitzen. Das Pflanzloch muß groß sein, eine gehörige Portion Kompost muß eingearbeitet und alle Baumwurzeln müssen entfernt werden. Die Rose sollte in der Hauptwindrichtung gepflanzt werden, damit die Triebe von Natur aus an den Baum gedrückt werden. Am reizvollsten sehen Kletterrosen in alleinstehenden Bäumen aus.

Beim Aufbinden der weichtriebigen Rankrosen an Pergolen, Rosenbögen und Tunnel ebenso wie über laubenartigen Sitzplätzen sollte man nur die Haupttriebe befestigen, so daß die Nebentriebe einen niederrieselnden Blütenvorhang bilden können. Kletterrosen überziehen nicht nur Säulen, Obelisken, Bögen und Baumstümpfe, sondern werden an schwingenden Tauen zu mächtigen Girlanden, die Gartenräume eingrenzen. Oder sie wandern durch und über immergrüne Gehölze wie Stechpalme und Eibe.

Die üppig blühende Kletterrose 'Veilchenblau' hat eine riskante Farbe. Ihr Lila-Rosa verblaßt im Verblühen zu einem bläulichen Grau. Aber zu der weißen Pergola paßt sie perfekt.

Einige Rankrosen halten es auch an schattigen Orten aus. Dazu gehören u. a. 'New Dawn', 'May Queen', 'Leverkusen', 'Gloire de Dijon' und 'Mermaid', obwohl sie wie alle Rosen natürlich lieber etwas Sonne hätten. Schattige Bereiche, für die es auch Strauch- und Beetrosen gibt, unterpflanzt man gut mit Funkien *(Hosta)*, Astilben oder Bergenien.

### *Monochrome Gestaltung*

Moderne, Englische und Alte Strauch- und Beetrosen können in die Rabatten zusammen mit passenden Stauden und Zwiebelpflanzen gesetzt werden. Zuerst sind die neu gepflanzten Rosensträucher sehr klein, und man muß viel Phantasie aufbringen, um sich den endgültigen Busch vorzustellen. Doch die Angaben über Höhe und Breite sind genau zu nehmen: Rosen ziehen nicht gerne um.

Schöne Effekte erzielt man mit einfachen Farbschemata wie „Ton in Ton" – mit *Rosa glauca* und einem Perückenstrauch *(Cotinus)* im Hintergrund, davor die Rose 'Chianti', rosa Bauernrosen *(Paeonia)* und eine Menge blaßrosa Tulpen. Ein anderes Beispiel ist Purpur und Silber: silberblättrige Hängebirne *(Pyrus salicifolia)* mit einer weißen Kletterrose 'Silver Moon' darin, davor *Rosa gallica* 'Charles de Mills', Purpurglöckchen

*(Heuchera micrantha* var. *diversifolia* 'Palace Purple'*)*, Beifuß *(Artemisia ludoviciana* var. *albula)* und Wollziest *(Stachys)*. Sehr reizvoll wirkt auch die Farbkombination Gelb-Weiß: Goldglöckchen *(Forsythia)* und Falscher Jasmin *(Philadelphus* 'Belle Etoile'*)* im Hintergrund, davor die Rosen 'Abraham Darby' und 'The Pilgrim', weißer Fingerhut und Schleifenblume. Helle Farben leuchten noch schön im Dämmerlicht, und machen sich deshalb in der Nähe des Sitzplatzes gut.

Eine duftende Strauchrose *Rosa alba* 'Great Maiden's Blush' wird begleitet von einer panaschierten Weigelie. Zu ihren Füßen wächst ein Storchschnabel *(Geranium psilostemon)*, und als blasses Echo seiner kräftigen Farbe wirkt darüber die Kletterrose 'Veilchenblau'.

### *Gestalten mit Büschen und Sträuchern*

Manche einmalblühende Rose steht nach ihrer frühsommerlichen Pracht für den Rest des Gartenjahres etwas trist im Beet. Pflanzt man ähnlich große Sträucher dazwischen, die entweder später blühen, wie z. B. Hortensien, oder deren Laub interessant aussieht, etwa panaschierter Hartriegel, bildet die Rabatte immer einen Blickfang. Diesen Effekt bewirken ebenfalls Immergrüne. Das dunkle Grün von Stechpalme, Eibe und Buchs geht nicht nur im Sommer eine kräftige Partnerschaft mit den Rosensträuchern ein, sondern die Rabatte bekommt auch im Winter eine Struktur. Kleinere Jasmin *(Philadelphus)*-Züchtungen sind ebenso wie Schneeballsträucher *(Viburnum)* ideale Begleiter, wenn man auf die verschiedenen Höhen und Blütezeiten der Rosen achtet. Diese Angaben werden bei der Auswahl zu oft übersehen, durch ihre Berücksichtigung jedoch läßt sich die Rosenblüte im Garten erstaunlich verlängern.

Beerenobst-Büsche sind im Küchengarten sehr willkommen, weil sie zwischen den flachen Beeten mit Erdbeeren und Gemüse kompakte, höhere Akzente setzen. Das läßt sich auch mit Beetrosen erreichen, die sich gut mit den Nutzpflanzen vertragen. Petersilienmanschetten um eine dunkelrote 'Rose de Resht' sind auch ein Augenschmaus. Dill, der ja recht hoch werden kann, umschwärmt reizvoll gelbe oder weiße Rosen.

### *Rosen als Solitäre und Begrenzungen*

Je weiter es vom Haus weg und in den Garten hinein geht, desto größer dürfen die Rosensträucher werden. Dann stehen sie auch gut als Solitäre auf dem Rasen oder bilden Hecken zum Nachbargrundstück und Übergänge in die Landschaft.

Eine feine Zusammenstellung bildet die große Strauchrose 'Great Maiden's Blush' – die manchmal auch 'Maiden's Blush' genannt wird – mit der tellerblütigen Hortensie *Hydrangea macrophylla* 'Blue Bird' und der Unterpflanzung aus Lavendel.

Am Rande eines großen Gartens kann sich die ganze Pracht der *Moyesii*-Hybride 'Nevada' des spanischen Züchters Pedro Dot entfalten. Manche Rosenexperten halten sie für eine *Pimpinellifolia*-Tochter – in jedem Fall ist 'Nevada' ein sommerlang blühender Gartenschatz.

Viele Rosen sind als Heckenpflanzen sehr geeignet. Man muß sie sorgfältig beschneiden, altes Holz entfernen und darf sie nicht zu groß werden lassen, weil viele dann unten verkahlen. Eine andere Möglichkeit ist, die unteren Triebe waagerecht an Drähten entlang zu ziehen, sie bilden dann blühende Nebentriebe, die nach oben streben. Die Auswahl reicht von den sogenannten Wilden Rosen *Rosa canina, Rosa eglanteria, Rosa rugosa, Rosa glauca, Rosa wichuraiana, Rosa pimpinellifolia* und ihren verwandten Zuchtformen – 'Nevada', 'Albéric Barbier', 'Blanc Double de Coubert' und 'Lady Penzance' – bis hin zu großen Büschen historischer Rosen, wie 'Cardinal de Richelieu', 'Buff Beauty' und 'Complicata'. Es ist ratsam, Rosen gleicher Abstammung in einer Hecke zu mischen.

Bei stark abfallendem Gelände, an Böschungen oder oberhalb einer Bruchkante wirken Ramblerrosen großartig, wenn sie ungehindert nach unten fallen können. Sie bedecken den Untergrund oft so dicht, daß keine Probleme mit Unkraut aufkommen.

Rosen können Zäune aller Art verzieren. Dazu eignet sich entweder eine Strauchrose, die davor gesetzt wird, oder ein Climbing-Sport, der locker angebunden wird. Natürlich verhüllen auch alle übrigen Kletter- und Ramblerrosen Draht-, Latten- oder Flechtzäune. Im Winter müssen sie akkurat zurechtgestutzt werden, damit sie auch in kahlem Zustand passabel aussehen und im nächsten Jahr eine dichte, duftende Rosenwand bilden.

Wie lieblich wird dieser niedrige Eisenzaun von Rosen, Mohn und Mutterkraut *(Tanacetum parthenium)* geschmückt.

# Der Rosenduft

Nicht nur ihr sattes Purpur-Rosa hat die Bourbonrose 'Mme Isaac Péreire' berühmt gemacht, ihr Duft ist gleichermaßen betörend. Selbst bei schlechtem Wetter verströmt sie ihr elegantes Parfüm. Ihr zu Füßen wächst ein Storchschnabel *Geranium* x *magnificum*.

Die „Alten Rosen“, die nur einmal im Jahr blühen, besitzen fast alle einen ausgeprägten Duft. Ein klassisches Beispiel ist diese Zentifolie, von dem Rosenmaler Redouté meisterhaft abgebildet.

Ihr Duft macht Rosen noch begehrenswerter, als sie durch ihre Form und ihre Farben ohnehin schon sind, und die Methoden, Rosenduft zu konservieren, sind vielfältig. Es ist deshalb verwunderlich, daß es keine präzise Beschreibung der verschiedenen Düfte gibt, statt dessen erschöpft sich die Angabe meist in „duftend“ oder „duftlos“. Die große Rosenkennerin Alma de l'Aigle stellt in ihrem Buch „Begegnung mit Rosen“ die berechtigte Frage, warum nicht für Rosen gilt, was für Wein längst gebräuchlich ist, nämlich eine Aussage über die spezifischen Duftnoten der einzelnen Rosen, ihre Zuverlässigkeit und deren Beständigkeit. Sie vermutet einen unterentwickelten Geruchssinn, der sich im Laufe der Zivilisation nicht so wie unsere Geschmacksfähigkeit ausgebildet bzw. erhalten habe und unternimmt den ungewöhnlichen Versuch, Rosendüfte mit einem Vokabular in Klassen einzuteilen, das aus vergleichenden Adjektiven besteht. Da riechen Rosen obstig, apfelblütig, fruchtig, pollig, weinig oder wiesenblumig, harzig, krautig, blütigsüß und zitronig. Sie unterscheidet sogar zwischen „nach Kinderpudding“ und „nach künstlicher Roter Grütze“ duftenden Rosen.

Doch nicht alle Rosen duften; die Ende des 18. Jahrhunderts nach Europa gelangten Chinarosen blühten zwar mehrmals im Jahr, besaßen aber keinen Duft. Die in den nachfolgenden vielen Jahrzehnten durch sie entstandenen Kreuzungen sind vorwiegend duftlos geblieben, und Rosenfreunde gewöhnten sich an die Wahl zwischen einmalblühenden Duftrosen, den sogenannten Alten Rosen, und den öfterblühenden, duftlosen Remontant- bzw. Modernen Rosen. Aber der Ehrgeiz der Rosenzüchter hat im Laufe der Jahre auch Rosen hervorgebracht, die sowohl winterhart als auch öfterblühend und duftend sind. Eine großartige Leistung.

Rosenduft ist jedoch im wahrsten Sinne des Wortes ein flüchtiges Vergnügen. Oft kommt es auf das Wetter oder die Tageszeit an, ob sich aus den Blüten das begehrte Aroma entfaltet. Manche duften besonders nach Regenfällen, andere nur im warmen Sonnenlicht, aber die Intensität kann auch im Verwelken besonders stark sein. Nicht immer ist es die Blüte, die das Parfüm trägt: Bei Moosrosen ist es der pelzige Besatz der Kelchblätter und Blütenstengel, der einen harzigen Duft verströmt, bei *Rosa eglanteria (Rosa rubiginosa)* sind es die Blätter.

Die gefüllte *Rosa* x *damascena* 'Trigintipetala' ist eine uralte Duftrose, die in Bulgarien zur Gewinnung von Rosenöl angebaut wird.

Der große orientalische Arzt und Gelehrte Avicenna (980–1037) wußte, wie man Rosenwasser destilliert, und große Mengen davon wurden schon im 11. Jahrhundert nach China, Ägypten und Spanien geschickt. Was in alten Schriften in Rom als Rosenöl und Rosenwasser bezeichnet wurde, wird nur ein Gemisch aus zerdrückten Rosenblättern und Wasser oder Öl gewesen sein, vermutet Allen Lacey 1991 in seinem Buch „Die Welt der Rose". Das richtige Rosenöl soll durch Zufall 1612 entdeckt worden sein: In seinem Garten in Kaschmir hatte der Mogul Jahangir schmale Wasserbecken mit Rosenwasser gefüllt, und bei einem Spaziergang bemerkte seine Frau in der Mittagssonne einen grünlichen Film auf dem Wasser. Dies war auf natürliche Weise durch die Hitze destilliertes Rosenöl. Seit dieser Zeit wird in Indien Rosenöl produziert, das kostbarer ist und intensiver duftet als Rosenwasser. Ein Liter kostet heute etwa 7000 DM – Hauptlieferant ist inzwischen Bulgarien. Das dort produzierte Rosenöl heißt Attar, und die Destillationsanlage der Fabrik „Bulgaria Rose" in Kazanlik soll die modernste ihrer Art sein. Die hier für diesen Zweck angebaute Rosensorte ist eine *Rosa* x *damascena* 'Trigintipetala'.

In Südfrankreich wird nach einer anderen Methode, dem sogenannten Enfleurage-Verfahren, Rosen der Duft entzogen, um dann Parfüms daraus herzustellen. Dafür werden die duftenden Rosenblätter in dünne Fettschichten gepreßt, die das Aroma annehmen. Das Extrahieren der Duftstoffe aus dem Fett geschieht mittels Alkohol. Für ein Kilogramm Rosenöl werden 700 Kilogramm Rosenblüten verarbeitet. In Frankreich baut man dafür *Rosa* x *centifolia* an, die anders als ihre bulgarischen Schwestern duften. Und der Bedarf ist so groß, daß inzwischen der Großteil aus Marokko importiert wird. Zentrum dieser geheimnisvollen Luxusindustrie war und ist Grasse, in der Nähe von Nizza gelegen. Im Jahr 1845 soll es dort 61 Parfümerien gegeben haben. Dort kann man die alte Parfümfabrik von Fragonard besichtigen, die sich trotz des touristischen Zulaufs ein sehr romantisches Flair bewahrt hat.

Rosenduft ist ein begehrtes Parfüm, wie es von dieser Dame symbolisiert wird, gemalt von Georg Elgar Hicks, der sein Bild von 1865 etwas spöttisch 'A Toilet Battle' (Kampf am Frisiertisch) nennt.

Rosen mit gutem Duft sind 'Gloire de Dijon', 'Sutter's Gold', 'Lady Hillingdon', 'Mme Isaac Péreire', 'Rambling Rector' und andere, auf die in dem Kapitel „Rosen für jeden Zweck" noch näher eingegangen wird.

Dieser hübsche Sitzplatz erhält seinen zusätzlichen Zauber durch den Myrrhe-Duft der gefüllten Kletterrose 'Constance Spry', die an der Mauer entlang gezogen wird.

# *Rosen für jeden Zweck*

In dem gemauerten Rundbeet verströmt die dunkelrosa 'Dupuy Jamain' ihren Duft. Die attraktive Sitzgelegenheit wird umkränzt von Rosenbögen, an denen eine hellrosa 'Débutante' und eine geheimnisvolle 'Bleu Magenta' ranken. Es gibt für alle Gelegenheiten eine passende Rose.

Es gibt noch viele andere Merkmale, nach denen sich Rosen einteilen lassen. Die Wuchsform ist dabei das auffälligste, das vornehmlich unsere Auswahl bestimmt. Danach sortiert man nach Farben und Größe, Duft und Widerstandsfähigkeit. Wo findet man aber, ohne jede einzelne Beschreibung lesen – und behalten – zu müssen, welche Rose sich für das Knopfloch, das Gewächshaus oder den Balkonkasten eignet. Welche Rosen haben schönes Laub, welche sind stachellos?
Die folgende kleine Auswahl von Möglichkeiten deutet die verwirrende Vielfalt an, die Rosensorten zu bieten haben. Die Angaben in Klammern bedeuten: (B/S) = Beet-, Strauch- oder Edelrose, (B) = Bodendeckerrose, (K) = Kletterrose, (W) = Wildrose.

Diese goldgelbe Pracht entfaltet sich sogar auf mageren Böden. Die Strauchrose 'Maigold' ist eine robuste Kordes-Züchtung.

***Rosen, die besonders früh im Jahr blühen***

*Altaica* (K), *Cantabrigiensis* (W), *Rosa hugonis* (W) beginnen Ende Mai zu blühen. Etwas später starten 'Albertine' (K), 'Frühlingsgold' und 'Frühlingsmorgen' (B/S), 'Lady Hillingdon' (K), 'Mme Alfred Carrière' (K) und 'Paul's Lemon Pillar' (K). Mit ihnen läßt sich die Rosensaison durch einen frühen Beginn ganz beträchtlich ausdehnen.

***Rosen, die auch weniger gute Böden vertragen***

Dazu gehören fast alle historischen Rosen und die Wildrosen, aber auch 'Ballerina' (B/S), 'Bonica' (B/S), 'Centenaire de Lourdes' (B/S), 'Constance Spry' (K), 'Erfurt' (B/S), 'Eyeopener' (B), 'Frühlingsgold' (B/S), 'Kirsten Poulsen' (B/S), 'Lavender Lassie' (B/S), 'Leverkusen' (K), 'Maigold' (K), 'Max Graf' (B), 'Mevrouw Nathalie Nypels' (B/S), 'Mme Alfred Carrière' (K),'Mozart' (B/S), 'Penelope' (B/S), 'Regensberg' (B), 'The Fairy' (B/S).

***Rosen, die auch in lichtem Schatten gedeihen***

*Alba*rosen sind im allgemeinen für absonnige Plätze geeignet, ebenso *Gallicas*, Damaszener- und Zentifolienrosen. Neuere schattentolerante Strauchrosen sind 'Frühlingsgold', 'Moonlight', 'Reine des Violettes', 'Scharlachglut' und 'Westerland'. Unter den Kletterrosen sind es 'Albéric Barbier', 'Félicité et Perpétue', 'Gloire de Dijon', 'Mme Alfred Carrière', 'New Dawn' und 'Zéphirine Drouhin'.

***Rosen mit schönem Herbstlaub, die entweder lange ihre Blätter behalten oder eine schöne Laubfarbe aufweisen***

*Rosa altaica* (W), 'Morletti' (B/S), 'Nyveldt's White' (B/S), *Rosa rugosa alba* (W), 'Roseraie de l'Hay' (B/S), 'Souvenir de Philémon Cochet' (B/S), *Rosa nitida* (W), *Rosa rubrifolia (Rosa glauca)* (W), *Rosa setigera* (W). Eine Besonderheit ist *Rosa wichuraiana* 'Variegata' mit kleinen rosa Blättchen, die cremeweiß panaschiert sind.

Rosen mit schöner Blattfärbung und roten Hagebutten sind auch im Herbst eine Zierde im Garten.

***Rosen mit attraktiven Hagebutten***

*Rosa moyesii* 'Geranium' (B/S) mit lackroten, flaschenförmigen Früchten, *Rosa rugosa alba* (W), *Rosa pomifera* (W), 'Complicata' (B/S), 'Düsterlohe' (B/S), 'Fru Dagmar Hastrup' (B/S), 'Roseraie de l'Hay' (B/S), 'Wedding Day' (K), 'Wilhelm' (B/S), sowie *Rosa pimpinellifolia*, die kleine schwarze Kugeln trägt.

***Rosen, die einen besonders angenehmen Duft haben***

'Baronne Prévost' (B/S), 'Blanc Double de Coubert' (B/S), 'Vidal Sassoon' (B/S), wie überhaupt die meisten *Rugosa*rosen gut duften, 'Charles Mallerin' (B/S), 'Constance Spry' (B/S), 'Fru Dagmar Hastrup' (B/S), 'Graham Thomas' (B/S), 'Gruß an Coburg' (B/S), 'Louise Odier' (B/S), 'Margaret Merril' (B/S), 'Mme Alfred Carrière' (K) sowie 'Penelope' (B/S), 'Roseraie de l'Hay' (B/S), 'Souvenir du Docteur Jamain' (B/S)', Zéphirine Drouhin' (K) – und dies ist nur eine Auswahl.

***Rosen, die sich gut als Schnittblumen eignen***

'Allgold' (B/S), 'Baccara' (B/S), 'Eden Rose '85' (B/S), 'Elina' (B/S), 'French Lace' (B/S), 'Gloria Dei' (B/S),'Graham Thomas' (B/S), 'Gruß an Coburg' (B/S), 'Michèle Meilland' (B/S), 'Queen Elizabeth' (B/S), 'Virgo' (B/S); Edelrosen sind im allgemeinen vom Wuchs her am besten geeignet. Wenn man mehrblütige Dolden von Alten oder Englischen Rosen schneidet, braucht man ein Steckgitter in der Vase oder Schale, weil die einzelnen Blumen wegen ihrer schweren Blütenköpfe sonst herausfallen.

***Strauchrosen, die durch ihren kräftigen Wuchs und ihre besonders stacheligen Triebe eine undurchdringliche Hecke bilden können***
'Blanc Double de Coubert', 'Cerise Bouquet', 'Constance Spry', 'Frühlingsgold', 'Nevada', 'Roseraie de l'Hay', 'Zigeunerknabe', *Rosa eglanteria* 'Lady Penzance', *Rosa pimpinellifolia* 'Double White' sowie 'Frühlingsmorgen', 'Maigold', 'Scharlachglut', 'und 'Stanwell Perpetual'.

Sogar die Strauchrose 'Schneewittchen' kann in ihren jungen Jahren gut in einem Kübel stehen. Wenn sie zu groß wird, kann man sie an einen endgültigen Platz im Garten pflanzen.

***Rosen für Balkon und Terrasse, Kästen und Kübel***
Hierfür eignen sich alle in Katalogen als Miniatur- oder Zwergrosen bezeichneten Pflanzen, z. B. 'Baby Masquerade', 'Baby Faurax', 'Festival', 'Mandarin', 'Regensberg', 'Sweet Dream', 'Queen Mother'. Der Züchter Chris Warner hat auch kleine Kletterrosen auf den Markt gebracht, die an einem Spalier oder einem Obelisken in Töpfen gedeihen. Sie heißen 'Laura Ford' 'Little Rambler', 'Nice Day', und 'Warm Welcome'.

***Rosen ohne Stacheln***
'Aimée Vibert' (K), 'Blush Hip' (B/S), 'Lykkefund' (K), 'Mme Plantier' (B/S), 'Mme Sancy de Parabère' (K), 'Morletti' (B/S), 'Mrs John Laing' (B/S), 'Veilchenblau' (K), 'Zéphirine Drouhin' (K), *Rosa banksiae lutea* (K) und *Rosa blanda* (B/S).

***Rosen für's Knopfloch***
Diese Mode des 18. Jahrhunderts war so verbreitet, daß es in alten Rosenbüchern und -katalogen Tips für geeignete Sorten gab. Sie sollten duften, nicht zu groß und auf jeden Fall lange haltbar sein. Dazu gab es kleine Glasröhrchen, die gebogen waren und sich nach oben erweiterten, so daß sie im Knopfloch einen Halt fanden. Die berühmte Rosenschule Walter Schultheis hat diese Revers-Vasen neu aufgelegt und empfiehlt folgende Miniaturröschen dazu: *Rosa rouletii,* 'Cécile Brunner', 'Mme Laurette' und 'Rival de Paestum'. In einem Ratgeber aus den dreißiger Jahren werden 'Betty Uprichard', 'Etoile d'Hollande', 'Mrs Sam McGredy', 'Ophelia' und 'President Herbert Hoover' genannt.

### *Rosen für den Wintergarten*

Rosen, die nicht zu groß werden und frostempfindlich sind, kann man in Kübeln auch im Wintergarten ziehen, z. B. Züchtungen von *Rosa chinensis*. Im Sommer sollten sie allerdings ins Freie gestellt werden, weil Rosen zu ihrem Wohlbefinden unbedingt vom Wind umfächelt werden wollen. Bei Kletterrosen ist das schwierig, da sie manchmal direkt im Erdboden oder großen, fest installierten Pflanzbecken stehen. Mit gewissenhafter Pflege und regelmäßigem Lüften können sie aber gesund über den Sommer kommen. Zwei elegante Kletterrosen mit großer Vergangenheit, die frostempfindlich sind und schön im Wintergarten gedeihen, sind 'Niphetos' und 'Maréchal Niel'.

### *Rosen, mit denen sich besonders gut Girlanden ziehen lassen*

'Albéric Barbier', 'Félicité et Perpétue', 'Léontine Gervais' sowie 'Wedding Day'.

### *Rosen mit dunkelrotem Austrieb und grün-auberginefarbenem Laub*

'City of Amsterdam' (B/S), 'Erfurt' (B/S), 'Hans Christian Andersen' (B/S) sowie 'New Yorker' (B/S), 'Papa Meilland' (B/S) und die Chinarose 'Lady Hillingdon'.

Die lachsrosa Züchtung des Franzosen Lacharme von 1878 'Mme Lombard' gehört zu den empfindlicheren Remontantrosen, die mit ihren Maßen 90 cm x 90 cm gut im Topf zu ziehen ist und im Winter besser drinnen steht. Die „Deutsche Rosen-Zeitung“, aus der dieser Stich stammt, bezeichnet sie als *Rosa indica odoratissima*.

# *Rund um die Rose: Rezepte und Tips*

Rosenblüten, in schaumig geschlagenes Eiweiß getaucht und anschließend mit Zucker bestreut, werden zu einer haltbaren Dekoration, die nach dem Fest auch aufgegessen werden kann. Diese Laufbahn ist natürlich nur den ungespritzten Rosen aus dem eigenen Garten vorbehalten.

Die Verehrung der Rose war so groß und allgemein verbreitet, daß dies fast zwangsweise dazu führte, ihr wundersame Wirkungen bei Krankheiten, Schlafstörungen oder seelischem Leid zuzuschreiben. Heute weiß man genug über Psychosomatik und die Effekte von Scheinmedikamenten, den Placebos, um sich vorzustellen, daß diese Rosenmedizin sicherlich oft erfolgreich gewesen ist. Wenigstens ist das Rezept, erwärmte Rosenblätter auf die Stirn zu legen, „damit Ruhe und Schlaf komme“, nicht völlig abwegig, zumal die Rosen der damaligen Zeit alle mehr oder weniger stark dufteten.

Aus ihrer Wurzel hat man vor fast 2000 Jahren angeblich ein Mittel gegen Tollwut extrahiert. Heute dient die *Rosa canina* hauptsächlich den Vögeln als Nutzpflanze.

Im 1. Jahrhundert nach Chr. beschreibt Plinius der Ältere in seiner „Naturalis Historia“ allerlei Heilwirkungen des Rosenwassers, beispielsweise daß die Wurzeln der Hundsrose ein wirksames Gegengift bei Tollwut seien. Später waren Rosenwasser, Rosensirup, Rosenzucker sowie Rosenhonig beliebte Riechstoffe und Heil- und Erfrischungsmittel. Der Theologe Bartolomaeus Anglicus (1180–ca. 1231) behauptete, daß nichts so wirkungsvoll wie die Rose sei; ähnlich steht es auch in dem „Herball“ des John Gerard (1545–1612), und noch 150 Jahre später heißt es: „Es erquicken die Rosen nicht allein mit ihrem lieblichen und angenehmen Geruche die Lebensgeister, das Herz und Gehirne ... erwecken den Schlaf, stärken Gehirne und den Verstand, sondern werden auch in der Arzney sehr gebrauchet, sonderlich zu den vornehmsten, wohlriechenden und herzstärkenden Medicamenten: angesehen wenig Blumen zu finden, die so vielen Theilen unseres Leibes dienlich sind, als Rosen.“ (Zedler: Großes vollständiges Universallexikon aller Wissenschaften und Künste, 1742)

Ein deutscher Wissenschaftler namens Rosenberg betrachtete im 19. Jahrhundert die Rose als ein Heilmittel gegen jede Krankheit, was nicht nur der amerikanische Rosenzüchter Parson für Unsinn hielt. In seinem Buch: „The Rose, its History, Poetry, Culture and Classification“ empfiehlt aber auch er gegen Beschwerden der inneren Organe und gegen alle chronischen Krankheiten folgende Mixtur: Zerstampfte Rosenblätter mit der gleichen Gewichtsmenge Zucker vermischen und mit etwas Rosenwasser zu einem Brei verarbeiten, den man dann essen sollte.

## *Rosenduft konservieren*

Über alle Zweifel erhaben und mit gutem Gewissen auszuprobieren sind dagegen die vielen Tricks, den Rosenduft in Speisen, Potpourris oder Kosmetika zu bewahren. Dabei kann man es sich einfach machen und Rosenwasser oder Rosenöl in der Apotheke oder gut sortierten Lebensmittelgeschäften kaufen. Rosenblätter sollten aus dem eigenen Garten von ungespritzten Blüten stammen, die nicht gewaschen werden dürfen, denn dadurch verlieren sie ihren Duft.

Potpourris waren im 18. Jahrhundert ein übliches Mittel, Räume zu parfümieren. Man bewahrte sie in Töpfen mit einem perforierten Deckel auf. In den letzten Jahren sind sie wieder modern geworden, und die offenen Schalen mit ihrem duftenden Inhalt stehen als Dekoration nicht nur in Badezimmern. Für die Mischungen bieten sich vielfältige Möglichkeiten: Rosenblütenblätter, Rosenknospen, Lavendelrispen, Sandelholzspäne sowie Zimtstangen, getrocknete Zitrusfrüchte oder -schalen und dazu duftende Gewürzpulver oder Öle.

Als liebliche Wegbegleiterin in Hecken und Knicks kennen wir die duftende *Rosa canina* fast nur in zartrosa Tönung. Diese reinweiße Form ist selten. Die Blüten eignen sich für Potpourris, und aus ihren Hagebutten läßt sich ein guter Sirup zubereiten.

Dabei beginnen die Rezepte oftmals ganz arglos mit Mengenangaben wie „einem Liter Rosenblütenblätter“, „20 stark duftende Rosenblüten“ oder „400 g Rosenknopsen“ und lassen völlig außer acht, daß der Gärtnerin beim Pflücken und Abschneiden dieser Grundlage ihres Potpourris fast das Herz brechen wird. Deshalb scheint die Methode der großen englischen Gartenkünstlerin Gertrude Jekyll sehr viel praktischer und empfehlenswerter zu sein. Sie sammelte im Laufe des Gartenjahres einzelne Blüten und Blütenblätter von Rosen, Duftpelargonien, Lavendel, Zitronenverbenen sowie Blätter von schwarzen Johannisbeeren, Ringelblumen und vielen anderen, wenn der Tau durch die Morgensonne verdunstet war, und lagerte sie auf Tüchern an einem kühlen, trockenen Ort. Waren sie genügend angetrocknet, kamen sie mit ein wenig Salz (gegen Schimmelbildung) in größere Gefäße. Im Herbst vermischte sie ihre sommerliche Ernte mit Muskatblüte, Nelkenpulver, Piment, Veilchenwurzelpulver und allerlei ähnlichen Gewürzzutaten. (Statt der Gewürze lassen sich auch parfümierte Öle verwenden.) Man kann sich vorstellen, daß neben dem reichlichen Vorrat für Potpourris im eigenen Haus dabei auch hübsche Geschenke wie zum Beispiel Duftsäckchen abfielen.

*Potpourri*
Ein Litermaß getrocknete Rosenblütenblätter
Eine Handvoll getrocknete Lavendel- und andere Blüten
Eine Handvoll getrocknete Duftpelargonienblätter
3 Zimtstangen, in Stücke gebrochen
8 Gewürznelken
5 Sternanis
Alle Zutaten werden mit Rosen- und anderem Duftöl vermischt, das man tropfenweise darübergibt. In einem luftdichten Gefäß, einem Einkochglas z. B., wird das Potpourri vier Wochen dunkel aufbewahrt und ab und zu durchgeschüttelt. Danach füllt man es in dekorative Schalen, die nicht aus Metall sein dürfen.

Diese kleinen Beutel näht man am besten selbst aus dünnem Material wie Batist oder Seide, denn der Duft soll ja entweichen können. Dazu kann man zarte Taschentücher nehmen oder Stoff mit den Maßen 20 mal 20 Zentimeter. Diesen muß man dann auf rechts einmal zusammenfalten, an einer schmalen und der breiten Seite zusammensteppen, wenden und die Öffnung säumen und eventuell mit Spitze verzieren. Dann füllt man das Säckchen nicht zu prall und bindet es mit einem Satinband zu. Davon kann man gar nicht genug haben, um sie zwischen die Bettwäsche, die Handtücher oder in den Kleiderschrank zu legen.

### *Zum Selbermachen: Rosenwasser*

Für die Herstellung eines eigenen Rosenwassers gibt es unterschiedliche Methoden. Entweder werden drei Handvoll duftende Rosenblütenblätter in 125 ml reinem Alkohol eingeweicht und nach einer Woche abgefiltert – der Alkohol kann dann mit 125 ml eines Duftwassers aus gekochten Duftpelargonien- oder Zitronenverbenenblättern verdünnt werden –, oder die Rosenblütenblätter werden in heißem Wasser aufgekocht und abgefiltert. Einfacher ist die Mischung von erwärmtem destilliertem Wasser mit einigen Tropfen Rosenöl, das nach einem Tag durch einen Papierfilter gegeben und in Flaschen abgefüllt wird.

Früher war Rosenwasser aus der Apotheke, das in der Weihnachtszeit zum Verfeinern von Plätzchen verwendet wurde, relativ teuer. Inzwischen kann man aber französisches und bulgarisches Rosenwasser kaufen, das erschwinglich ist. Damit kann man nicht nur ein Zimmer oder das Badewasser parfümieren, sondern auch eine Vielzahl von Speisen auf orientalische Art verfeinern. Rosenwasser kann z. B. eine alkoholfreie Alternative für den Rum zu Bratäpfelfüllungen sein. Weißwein-Saucen zu Fischgerichten oder zarte Salatdressings erhalten durch wenige Tropfen Rosenwasser eine raffinierte Note. Besonders im Sommer bei Mahlzeiten im Freien hat Rosenaroma einen lieblichen Reiz. So läßt sich sehr leicht eine Rosentorte zaubern, indem ein Schichtbiskuit vorsichtig mit Rosenwasser beträufelt wird, mit geschlagener Sahne und Erdbeermarmelade gefüllt und üppig mit weißer Tortencreme – oder auch Sahne –

überzogen wird. Darauf streut man vor dem Servieren einige frische, duftende Rosenblätter aus dem Garten.
Für die Herstellung einer haltbaren Dekoration, mit der sich Kuchen oder Nachspeisen verzieren lassen, gibt es zwei unterschiedliche Methoden: Eiweiß wird aufgeschlagen, bis es dickflüssig ist, dann bestreicht man Rosenblütenblätter damit von beiden Seiten und streut feinen Kristallzucker darüber. Diese Blätter läßt man auf Pergamentpapier trocknen, sie halten sich danach fast zwei Wochen lang. Die Farben der Rosen schimmern durch den frostig wirkenden Belag hindurch, und eßbar sind die Blütenblätter obendrein.

Ganz anders entstehen Schokoladen-Rosenblätter. Dafür legt man grüne, trockene, saubere Rosenblätter auf eine Marmor- oder flache Porzellanplatte und bestreicht sie von einer Seite mit dunkler Kuvertüre. Ist die Schokolade fest geworden, hebt man die Blätter vorsichtig mit einem flachen Messer von der Unterlage und zieht mit einer Pinzette die grünen Blätter von dem Überzug ab. Auf den Schoko-Blättern sind die feinen Muster des Rosenblatts schön zu erkennen. Man kann das Rosenlaub auch in die flüssige Schokolade tauchen, am Topfrand gut abstreifen und dann trocknen lassen. Wenn man sie essen will, muß man auch bei dieser Methode die Schokoladenschichten von dem Blatt mit einer Pinzette trennen. Die Schokoladenblätter sind je nach ihrer Blatt-Unterlage hübsch gebogen. Auch das Keksebacken kann im Juli Spaß machen, wenn man einen hellen Teig mit einigen Tropfen Rosenwasser parfümiert und zum Ausstechen Blütenformen nimmt.

Ähnliche Skepsis wie bei den medizinischen Lobpreisungen ist wohl bei manchem überlieferten Rosenrezept angebracht. Der Rosenpudding aus dem alten Rom – aus Rosenblättern, Kalbshirnen, Wein, Eiern und Öl – findet wohl heute keine Nachahmer mehr, eher die deutsche Spezialität aus dem 18. Jahrhundert, wonach geputzte weiße Rosen in eine Creme aus Mehl, gemahlenen Mandeln, Zimt, Eiweiß, Sahne und Rosenwasser getaucht und dann in Schmalz ausgebacken wurden.

*Rosentorte*
Ein heller, fertiger Schichtbiskuitboden
4 weiße Baisers oder
200 g Mini-Baisers aus der Tüte
250 g Schlagsahne
250 g Himbeermarmelade
1 Eßl Rosenwasser
frische Rosenblätter
Die geschlagene Sahne wird mit dem zerbröselten Baiser vermischt. Auf die drei nebeneinandergelegten Biskuitböden träufelt man vorsichtig je einen Eßlöffel Rosenwasser, und auf zwei Böden wird als Füllung die verrührte Marmelade gestrichen. Nach Belieben kann man zusätzlich geschlagene Sahne zwischen die Böden geben. Nun werden die Bisquitböden aufeinandergeschichtet und üppig mit der Baiser-Sahne umhüllt. Obenauf streut man frische Rosenblätter.

Damit die schweren, gefüllten Blütenköpfe der Rosen nicht aus ihrem Behälter fallen, steckt man sie besser in einen Schaumstoffblock. Der Korb wird mit Folie ausgeschlagen, damit das Wasser nicht abläuft (oben).

Die Gold- und Bronzetöne dieser Rosen passen wunderbar in Terracottatöpfe (oben). Ein herbstliches Prachtstück ist dieser Strauß matt-farbener Rosen zusammen mit Hagebutten, Weinlaub und Schneeball-Zweigen (rechts).

*Rosengelee*
1 1/2 kg saure Äpfel (Fallobst)
1/2 l Wasser
1/2 l trockener Weißwein
1 kg Gelierzucker
eine Handvoll frische, trockene Duftrosenblütenblätter
Rosenwasser nach Belieben
Äpfel waschen, Blüten- und Stielansatz entfernen, in Würfel schneiden. Mit dem Wasser und Wein aufkochen und auf kleiner Flamme 15 Minuten ziehen lassen. Durch ein mit einem Tuch ausgelegtes Sieb gießen, gut abtropfen lassen. Nicht auspressen, weil der Saft sonst trübe wird. Den Saft abmessen und in dem vorgeschriebenen Verhältnis mit dem Gelierzucker vermischen und zu Gelee kochen. Genaue Angaben befinden sich auf der Zuckerpackung. In die fertige, noch heiße Flüssigkeit die Rosenblätter und nach Geschmack einen Eßlöffel Rosenwasser geben, vorsichtig mischen und in die vorbereiteten, heißen Gläser füllen.

## *Getränke und Konfitüren mit Rosen veredelt*

Damit man keinen schweren Kopf bekommt, sollte eine Rosenbowle lediglich aus der Mischung (im Verhältnis 1:1) eines erstklassigen Weißweins mit einem guten Sekt bestehen. Die Bowle wird mit einigen Tropfen Rosenwasser aromatisiert und mit wenigen frischen Rosenblütenblättern bestreut. Abzuraten ist von Rotwein, Cognac und Zucker, denn diese Zutaten unterdrücken das zarte Rosenaroma und bescheren dem Konsumenten einen dicken Kopf.

Auf Schriften, die von der Heiligen Hildegard von Bingen (1098–1179) überliefert sind, beruht ein gekräuterter Wein, der unter dem Namen Claretum neuerdings im Handel ist. Mittelalterlich ist die Rezeptur, aber schmackhaft und bekömmlich ist dieses rosenfarbene und nach Rosen duftende Getränk, das mit tausenden von Rosenblüten und anderen Blättern verschiedener Rosaceae-Gewächse aromatisiert wird.

In islamischen Ländern wird heute Rosenlimonade zubereitet, die aus Wasser und Zitronensaft besteht, worin in Honig gekochte Rosenblätter schwimmen. Eine Art Punsch trinkt man in Indien, indem Rosenwasser mit Zimt und Zucker heiß gemacht wird. Es wird nichts darüber gesagt, ob diese Getränke wegen des Rosenaromas eine liebesbeflügelnde Wirkung haben. Aber möglich wäre es schon. Jedenfalls ist es eher zu glauben als die versprochene Wirkung des nachfolgenden deutschen Rezeptes für ein Liebesgetränk: „Trage drei dunkelrote, blaßrote und weiße Rosen drei Tage, drei Nächte und drei Stunden lang so auf deinem Herzen, daß niemand sie sehen kann. Bete dreimal das Vaterunser, dreimal das Ave Maria, und schlage das Zeichen des heiligen Kreuzes. Hänge dann die Rosen drei Tage, drei Nächte und drei Stunden in eine Flasche Wein und laß dann den Gegenstand deiner Liebe davon trinken, ohne daß er wissen soll, was darin war und er wird dich mit ganzer Seele lieben und dir treu sein dein Leben lang."

Einfach und wirkungsvoll läßt sich Rosengelee herstellen. In die sprudelnde Flüssigkeit eines fertigen Apfelgelees, von der Herdplatte genommen, rührt man vorsichtig wenig Rosenwasser und einige frische, trockene Rosenblütenblätter unter. In der Türkei wird eine kräftige Rosenkonfitüre hergestellt, die aus einem Drittel Rosenblütenblätter, einem Drittel Zucker und einem Drittel Wasser besteht. Von den Blütenblättern wird der dickliche untere Teil abgeschnitten, dann werden alle Zutaten auf kleiner Flamme zu einer Marmelade eingekocht und mit wenig Zitronensaft abgeschmeckt.

*Köstliche Früchte: die Hagebutten*

Aber nicht nur die Rosenblüten, sondern auch ihre Früchte sind für die Verwendung in der Küche geeignet. Bei Ausgrabungen von Pfahlbausiedlungen hat man in den Küchenabfällen Hagebuttenkerne gefunden; die Verarbeitung dieser roten Herbstfrüchte war also schon vor Jahrtausenden üblich. Ohne ihren hohen Vitamin-C-Gehalt zu kennen, haben unsere Vorfahren die Rosenbeeren immer geschätzt: als Tee, Saft, Mus oder Marmelade. Tee läßt sich leicht aus getrockneten Hagebutten herstellen, die man im Mörser oder mit der Küchenmaschine zerkleinert, mit kochendem Wasser überbrüht, ziehen läßt und durch ein Sieb filtert.

Für Sirup zerdrückt man 500g Hagebutten und kocht sie fünf Minuten lang in einem Liter Wasser. Dann streicht man die Masse durch ein feines Haarsieb, vermischt das Püree mit 300 g Zucker und kocht es zu Sirup ein.

Das mühsame Auskratzen der kleinen Kerne kann man sich bei der Verarbeitung von Hagebutten meistens sparen. Je feiner die Rosenfrüchte passiert werden, desto eher kann man sie mitsamt den Kernen verarbeiten. Dann lassen sich auf einfache Weise auch Marmeladen oder Saucen herstellen. Die sogenannte *Sauce églantine* war besonders für unsere Urgroßmütter eine delikate Zugabe zu Wildgerichten, und es lohnt sich, sie wieder zu Tisch zu bringen.

*Sauce églantine*
Ein kleines Glas Perlzwiebeln, abgetropft
3/4 l Rinderbrühe oder Fond
50 g Mehl
50 g Butter oder Margarine
Zitronensaft
Salz, Pfeffer, Zucker
1 Glas Hagebuttenmarmelade

Die Perlzwiebeln werden mit etwas Zucker angeschmort, bis sie bräunlich karamelisiert sind. Das Mehl wird in der Butter dunkelbraun geröstet und mit der nach und nach zugegebenen Brühe zu einer glatten Soße verrührt. Dann fügt man die Perlzwiebeln und die Hagebuttenmarmelade hinzu und schmeckt mit Salz, Pfeffer und etwas Zitronensaft ab. Hat man einen Braten zubereitet, so entfällt die Herstellung einer Soßengrundlage. Der Bratensatz wird mit Brühe gelöscht, etwas eingekocht und dann mit den karamelisierten Perlzwiebeln und der Hagebuttenmarmelade verrührt.

# *Kaufen, pflanzen und pflegen*

Ein hübscher und zugleich praktischer Arbeitstisch wird überwölbt von einer Kletterrose 'Pink Perpetual'. Eine derartige Ablage für Handgeräte, Etiketten und Bindematerial ist angenehm und erleichtert die Gartenarbeit.

Diese gefüllte Form der Wildrose *Rosa wichuraiana* wirkt edel und üppig und ist trotzdem eine robuste, pflegeleichte Gefährtin in einem großen Garten. *R. wichuraiana* kam 1860 aus China und ist die Mutter vieler moderner Kletterrosen geworden.

„Die Rose ist recht eigentlich diejenige Pflanze, welche im kleinen Hausgarten mit besonderer Vorliebe kultiviert werden sollte, denn sie verlangt verhältnißmäßig wenige Sorgfalt und belohnt die aufgewendete Mühe durch ihre herrlichen Blumen reichlich.“ So schrieb Johannes Wesselhöft, Obergärtner zu Eisenach 1879 in seinem Ratgeber „Der Hausgarten“. Recht hat er. Es ist jammerschade, daß Rosen der Ruf anhaftet, schwierig zu sein, denn im Vergleich mit fast allen anderen Blumen sind sie doch zuverlässige Gefährten für viele Jahre. Wird das Lebendige in seinem „Auf und Ab“ akzeptiert und der Garten nicht zu einer sterilen Dekoration entwürdigt, ist die Freude an Rosen dauerhaft und mit wenig Arbeit zu genießen. Also keine übertriebene Vorsicht mit Rosen: Gesunder Gartenverstand, Geduld und Liebe genügen ihnen schon.

*Pflanzenkauf*

Die beste Methode ist ohne Zweifel, sich in einem Rosarium, einer Rosenschule oder in privaten Gärten Rosen anzuschauen, um beurteilen zu können, ob Farbe, Größe und Form den Wunschvorstellungen entsprechen. Anhand der notierten Namen werden dann Versandkataloge durchgesehen und verglichen; bei Spezialitäten kann das deutsche Nachschlagewerk „ppp-Index“ von Anne und Walter Erhardt zu Rate gezogen werden, dort sind alle Pflanzen, Gärtnereien und Baumschulen aufgelistet, bei denen man sie beziehen kann.

Rosen werden in die Güteklassen A und B eingeteilt. Bei veredelten Beet-, Edel-, Strauch- und Kletterrosen bedeutet dies:

A = Einjährige Pflanzen aus der vorjährigen Veredelung, die mindestens drei kräftige Triebe haben. Zwei davon müssen direkt aus der Veredelungsstelle entsprießen, der dritte darf ein wenig darüber aus diesen Trieben abzweigen.

B = Einjährige Pflanzen aus der vorjährigen Veredelung, aber mit nur zwei gut entwickelten Trieben.

Für Rosenbäumchen gelten folgende Einteilungen:

A = Gut bewurzelter Stamm mit neun Millimeter Durchmesser unterhalb der Veredelungsstelle, der gerade und kräftig wächst. Die Krone besteht aus mindestens drei gut entwickelten Trieben aus mindestens zwei Veredelungsstellen. Bei Hochstammrosen gibt es mehrere Veredelungsstellen, damit sich die Krone symmetrisch oberhalb des Stammes entwickelt. Sehr gute Rosenzüchter bieten Hochstammrosen mit vier Veredelungsstellen an.

B = wie A, aber nur eine Veredelungsstelle mit mindestens zwei gut entwickelten Trieben.

Hochstammrosen sind 90 Zentimeter, Halbstamm-Rosen 60 Zentimeter und Fußstamm-Rosen 30 Zentimeter hoch. Trauerrosen haben eine Stammhöhe von 140 Zentimetern.

Fast alle Rosen werden als veredelte Ware, die auf eine wuchskräftige Unterlage okuliert wurde, angeboten. Vereinzelt wird darüber gestritten, ob sogenannte wurzelechte Rosen von besserer Qualität sind. Sie scheinen natürlicher zu sein, und sie bilden auch keine ärgerlichen Wildtriebe, die der Pflanze viel Kraft nehmen und entfernt werden müssen. Dieser Vorteil der wurzelechten Rosen, die durch Stecklinge oder Absenker vermehrt wurden, macht sich aber nur bei Bodendeckern auf einer größeren Fläche bemerkbar. Wurzelechte Rosen sind in jedem Fall charakterecht, d. h. sie gleichen ihrer Mutterpflanze ohne Einschränkungen, dafür ist ihr Wuchs oft etwas schwächlich. Bei veredelten Rosen spielt die Unterlage für die Ausbildung des Duftes oder der Wüchsigkeit eine gewisse Rolle. Gute Rosenschulen haben durch Experimente die optimalen Bedingungen für diese Vermehrung herausgefunden.

Außer an Güteklassen läßt sich die Rosenqualität an bestimmten Warenzeichen erkennen. Das **ADR**-Siegel (**A**nerkannte **D**eutsche **R**ose) wird verliehen, wenn sich eine neue Rose unter verschiedenen Bedingungen drei Jahre lang ohne Pflanzenschutzmittel gut gehalten hat. Diese Prüfungen gab es schon vor dem Zweiten Weltkrieg, 1950 hat der Züchter Kordes sie wieder ins Leben gerufen. Allerdings haben sich im Laufe der Jahre auch die Kriterien verändert. Waren es früher die neuen Farben und die Blühwilligkeit – gespritzt wurde sowieso –, sind es heute Gesundheit und Widerstandsfähigkeit auch ohne chemische Hilfen. Dank der Europäischen Union kann man jetzt auch Rosen aus anderen Ländern beziehen. In England ist der **A. G. M.** (**A**ward of **G**arden **M**erit) dem ADR-Siegel vergleichbar, eine Auszeichnung der Royal Horticultural Society, der wiederum dem Siegel **AARS** (**A**ll-

Aufbau einer Rosenpflanze der Güteklasse A = Drei gut entwickelte Triebe sprießen aus der Veredelungsstelle. Deutlich sichtbar ist der Höcker, der sich dort bildet, wo die Triebe der Wurzelunterlage abgeschnitten wurden.

Jedes Jahr gibt es neue Züchtungen, die um die Gunst des Publikums werben. Die Kriterien haben sich im Laufe der Jahrzehnte verändert; auch bei Rosenprämierungen wirkt der sogenannte Zeitgeist – unverändert ist dagegen die Eleganz dieser Rosenschönheit.

America Rose Selections) der USA vergleichbar ist. **Toproos** ist der entsprechende Qualitätsname in den Niederlanden. Außerdem vergibt die englische „Royal National Rose Society" noch verschiedene Medaillen, die in den Rosenkatalogen erläutert werden. Diese drei wichtigen Prüfsiegel für besondere Qualität sind nicht mit den Auszeichnungen „Rose of the Year" in England, „Die Goldene Rose von Den Haag" in Holland oder „Rose des Jahres" in Deutschland zu verwechseln. Hierbei handelt es sich lediglich um Neuheiten-Prämierungen.

Es sollte jedoch nicht nur den krankheitsresistenten, robusten Sorten Einlaß in den Garten gewährt werden. Dieses Kriterium ist nur entscheidend bei nicht ganz optimalen Standorten. Am richtigen Platz bei richtiger Pflege gedeihen alle Rosen gut, denn „kranke" oder „schwächliche" Ware kommt nicht auf den Markt – wenn man bei seriösen Anbietern kauft. Ob eine Rose winterfest ist, kann man auf unterschiedliche Weise prüfen: In welcher Klimazone lebt man und wie ist das individuelle Kleinklima? Dabei spielt es eine Rolle, ob der Garten in der Stadt oder auf dem Land liegt und wie geschützt die ganze Anlage ist.

In manchen Gartenbüchern werden die Pflanzen in Härtegrade nach Klimazonen klassifiziert, Kataloge geben teilweise die verträgliche Mindesttemperatur an. Heißt es ganz allgemein „frostfest", muß man schon schauen, wo die Baumschule liegt, bzw. woher das Buch stammt. In Belgien herrschen völlig andere Temperaturen als in Schleswig-Holstein. Am sichersten ist die Entscheidung für eine Rose, wenn sie in der Region auch im Freiland existiert, oder eine verbindliche Auskunft der Rosenschule.

### *Angebotsformen*

Viele Rosen werden in schwarzen Plastiktöpfen als sogenannte Containerware angeboten. Sie werden in den Töpfen kultiviert und können das ganze Jahr über gepflanzt werden – es sei denn, der Boden ist hartgefroren. Dieser Komfort hat allerdings seinen Preis. Neuerdings sind auch ballierte Rosen erhältlich. Dabei stecken die Wurzeln in einem Substrat und sind von einem Gewebe-Sack oder Pappkarton umschlossen, der im Boden verrotten kann. Traditionell kauft man aber wurzelnackte

Ware im Herbst, die mit Plastiktüten für den Transport vor dem Austrocknen geschützt wird. Grundsätzlich werden (und wurden) alle Rosen im Herbst aus dem Boden genommen. Früher bewahrte man unverkaufte Ware in tiefen Gruben im Freiland auf, die mit Stroh- oder Reetmatten abgedeckt waren. Es ist also ein Irrglaube, Frühjahrskäufe seien vernünftiger, da die Rose besser beim Züchter in der Erde überwinterte. Im Gegenteil: Die Wurzelware wird in Kellern bei fast 98 Prozent Luftfeuchtigkeit und ca. 0,5° Celsius aufbewahrt und im Frühjahr entsprechend teurer verkauft, denn diese Überwinterung ist kostspielig. Eines der größten Pflanzenkühlhäuser befindet sich in Elmshorn, es hat für 1,5 Millionen Rosen Platz. Wenn die einjährigen Rosen nicht verkauft worden sind, landen sie manchmal auf dem Müll. Oder sie werden in Töpfe gepflanzt, kräftig gedüngt und als Container-Ware verkauft. Dem Schwindel kommt man aber auf die Schliche, indem man prüft, ob der Ballen im Topf wirklich gut durchwurzelt ist.

Rosen, die in Plastikbeuteln verpackt in Gartencentern, Supermärkten und Kaufhäusern angeboten werden, sollten mit größter Vorsicht bedacht werden. Manchmal liegen sie tagelang in den warmen Räumen, und die Triebe haben deshalb schon ausgeschlagen. Man muß also immer genau prüfen, ob die Wurzeln nicht ausgetrocknet sind, ob die Rinde der Triebe schön glatt, prall und fleckenlos ist, noch keine Laubansätze zu sehen sind und sich noch keine neuen Triebspitzen gebildet haben. Bei fast allen Angeboten vom „Grabbeltisch" handelt es sich nicht nur um schlechte Ware; diese Art der Behandlung von Rosen ist auch ausgesprochen unschön.

### *Pflanzzeit*

Die beste Zeit, neue Rosen zu pflanzen, ist der Herbst. Ende Oktober und Anfang November ist der Boden noch ein wenig warm vom Sommer, die Gefahr von Bodenfrost ist noch nicht gegeben, und die Rosen können vor der Winterruhe einige neue Wurzeln bilden. Sie blühen besser, als die im Frühjahr gesetzten, weil sie zum Zeitpunkt des Austriebs schon im Boden etabliert sind. Hat man die Pflanzen zu spät gekauft oder kommen die bestellten Pflanzen zu spät an und der Boden ist vielleicht

Bevor aus zwei frisch gepflanzten Rosenstöcken diese traumhafte Girlande geworden ist, vergehen ein paar Jahre. Die duftende Bourbonrose 'Zéphirine Drouhin' blüht dann jedoch jeden Sommer mehrere Wochen lang.

Der Traum von einem alten Garten mit verschwenderisch blühenden Rosen spukt mancher Gärtnerin im Kopf, wenn neue Pflanzen gekauft werden und ein Platz für sie gesucht wird. Man braucht eine gute Vorstellungskraft, um sich die spätere Form der Rose ausmalen zu können (oben).

Die Züchtung des Engländers Jack Harkness 'City of London' läßt kaum einen Wunsch offen. Sie ist öfterblühend und duftet hinreißend (oben).
Es ist selten, daß sich noch einmal im Spätsommer einige Blüten der Bourbonrose 'Philémon Cochet' öffnen – um so kostbarer wirken sie (links).

schon steinhart, dann kann die ungeöffnete Verpackung in einem ungeheizten, aber frostfreien Raum ein paar Wochen aufbewahrt werden. Taut es die nächsten 20 Tage nicht, schlägt man die (ausgepackten) Rosen an einer frostfreien Stelle im Garten ein, wässert ein wenig, tritt die Erde aber nicht fest und wartet auf den Frühling. Das gilt für Wurzel- wie für Containerware.

*Standort*

Durch geschicktes Lenken der Triebe läßt sich sogar das Geländer einer Brücke mit Rosen schmücken. Die weiße, kleinblütige 'Albéric Barbier' und die aprikosenfarbene 'Buff Beauty' sind fein auf ihre Umgebung abgestimmt.

Rosen mögen es warm, sonnig und vor allen Dingen luftig. Ein sanfter Wind trocknet die Blätter nach dem Regen und ist die beste Versicherung gegen Krankheiten. Plätze vor Hauswänden, die womöglich noch weiß gestrichen sind und die Sonne kräftig speichern und reflektieren, sind ungeeignet. Auch zwischen dem Pflaster einer nach Süden gelegenen Terrasse wird es der Rose zu heiß. Die Pflanze verdunstet über ihre Blätter Wasser zur Kühlung, und wenn es zu heiß wird und nicht genug Feuchtigkeit aus dem Boden zu holen ist, vertrocknet, „verbrennt" sie. Wintersonne kann auch austrocknen, es ist nicht immer der Frost, der die Triebe absterben läßt. Am besten ist ein Platz im Rasen, freistehend in einer breiten Rabatte oder vor Gehölzen. Wenn Bäume in der Nähe stehen, dürfen die Pflanzen allerdings nicht in den Bereich der Tropfkante geraten, denn dann trocknen sie nach einem Regen nicht schnell genug ab. Lichter Halbschatten oder wandernder Schatten wird von Rosen auch vertragen, nur dichter Schatten und stehende Luft sind tödlich. Welche Sorten gut ohne Dauerbesonnung auskommen, steht in dem Abschnitt „Rosen für jeden Zweck".

Der beste Boden für Rosen ist nicht Lehm, wie oft behauptet wird. Diese schweren Böden sind schlecht durchlüftet, und das Wasser staut sich. Aber Lehmanteile sollten schon dabeisein, zusammen mit Humus und etwas Sand. Dann bekommt die Rose, was sie braucht: tiefgründigen Boden mit genügend Nährstoffen, Luft und Wasser. Ist der Gartenboden zu leicht, müssen Lehm und Kompost eingearbeitet werden. Ist er zu schwer, lockert man ihn mit Sand und abgelagertem Stallmist, in dem ruhig noch Strohanteile sein können, auf. Mist ist nicht überall zu bekommen. Es gibt aber Kunstprodukte wie Perlite oder Styromull, die dem Boden Durchlässigkeit verleihen, aber natürlich keine Nährstoffe enthalten. Deshalb sind Stallmist oder Kompost so ideal, weil durch die Zersetzung im Boden feine Luftkanäle entstehen und sie außerdem Nahrung beisteuern.

Die Vorbereitung des Bodens für eine Rosenpflanzung ist manchmal recht mühevoll, besonders, wenn der Boden schwer ist und gelockert werden muß. Es ist gut, diese Arbeit schon einige Wochen vor der Pflanzung vorzunehmen, dann kann sich die Erde noch setzen und der Mikroorganismus sich wieder stabilisieren. Dieses wichtige lebendige Gefüge wird durch Bodenarbeiten durcheinandergebracht, deshalb darf man auch nicht „das Oberste zuunterst kehren“, sondern wirklich nur mit einer Grabegabel – auch Damenspaten genannt – lockern und unterheben.

### *Bodenmüdigkeit*

Sehr oft wachsen Rosen nur ganz kümmerlich, wenn sie an einen Ort gesetzt worden sind, an dem vorher schon eine Rose gestanden hat. Diese Erscheinung ist von Biologen noch nicht abschließend erforscht worden. Bei leichten Böden scheint sie häufiger und mit gravierenderen Folgen aufzutreten als bei „fetten“ und sehr nährstoffhaltigen. Die Bodenmüdigkeit tritt nicht immer und überall auf, ist aber auch schon bei anderen Pflanzen der Gattung *Rosacea* beobachtet worden. Entweder man meidet jedes Risiko und sucht sich ein anderes Plätzchen oder man hebt ein üppig bemessenes Pflanzloch aus und füllt es mit neuem Boden auf.

### *Pflanzung*

Die Rosen werden aus ihrer Verpackung oder dem Winterquartier genommen und in einen Eimer Wasser gestellt, damit sie sich für einige Stunden gut vollsaugen können. Dann wird in den vorbereiteten Boden ein großzügiges Loch gegraben und der Aushub in einer Wanne von Steinen und restlichen Wurzelunkräutern befreit und mit wenig Kompost vermischt.

Die Rose muß für den Einzug in ihre zukünftige Gartenwohnung ein bißchen geputzt werden: Alle abgeknickten und verletzten Teile an Trieben und Wurzeln werden mit einer sauberen, scharfen Rosenschere abgeschnitten. Etiketten nimmt man ab, legt sie aber zu dem Pflanzloch, um sie später wieder an der Rose zu befesti-

Klematispflanzen vertragen sich ausgesprochen gut mit Rosen, und man kann mit ihnen aufregende Farbmischungen probieren. Hier ist es die Englische Rose ‘Tradescant’, die von einer dunkelroten *Clematis* ‘Niobe’ und der blauen C. ‘Multiblue’ vorteilhaft umrahmt wird.

gen. Manchmal werden Rosen mit einer Wachsschicht vor dem Austrocknen geschützt, die man nicht abkratzen sollte. Diese Beschichtung löst sich bald von allein, und die Knospen wachsen ohne Schwierigkeiten durch sie hindurch. Die Wurzeln kürzt man insgesamt fast um die Hälfte, denn ganz lang herunterhängende Wurzeln benötigen ein unverhältnismäßig tiefes Loch, das oft in nährstofflose Bodenschichten hineinreicht. Und wenn aus Platzmangel die Wurzeln abgeknickt und verletzt gepflanzt werden, bilden sich leicht Krankheiten. In gutem Boden bildet die Rose an den Schnittstellen schnell neue Faserwurzeln aus. Die oberirdischen Teile läßt man bei Herbstpflanzungen ungekürzt, nur alles noch vorhandene Laub wird entfernt. Jetzt hält man mit der einen Hand die Rose in das Loch, so daß sich die Veredelungsstelle fünf Zentimeter unter der Erde befindet. Hilfreich ist dabei ein Bambusstöckchen, das quer über das Pflanzloch gelegt wird, um die Beetoberfläche zu markieren. Sitzt die Rose später zu tief, bildet sie über der Veredelungsstelle Wurzeln aus, und das ist kräftezehrend. Sitzt sie zu hoch, ist die Frostanfälligkeit größer, und sie wird vom Wind stärker in Mitleidenschaft gezogen. Bei Container-Rosen sitzt die Veredelungsstelle oft über der Erde, deshalb müssen sie tiefer gesetzt werden, als der Topfrand gewesen ist.

Diese Feinheiten brauchen bei wurzelechten Rosen nicht bedacht zu werden; auch Kletterrosen vertragen eher einen „Tiefstart", denn sie bilden sehr leicht Wurzeln über der Veredelungsstelle aus. Das nützt ihnen bei gelegentlichem Herunterfrieren und macht ihren Wuchs an der Basis auch etwas dichter. Hochstammrosen, deren Veredelungsstelle ja oberhalb des Bodens sitzt, verlangen eine andere Behandlung beim Einpflanzen. Einmal benötigen sie einen Stützpfahl, der ein Stückchen in die Krone hineinreichen, aber nicht zu klobig sein sollte. Am schönsten sind hölzerne, vielleicht eckig mit einer abgesetzten Spitze versehene Stäbe. Zum anderen muß der Knick am unteren Ende des Stammes so sitzen, daß die Rose *darüber* gebogen werden kann, wenn sie im Winter auf den Boden gelegt und mit Tannenreisig bedeckt wird. (Der Vorgang wird unter dem Stichwort Winterschutz noch genauer beschrieben.) Diese Biegung ist keine Veredelungsstelle, son-

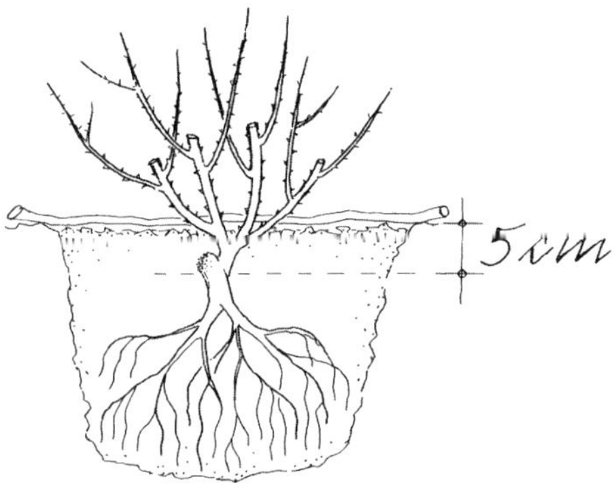


Das Pflanzloch muß groß genug sein, damit die Wurzeln frei nach unten hängen können und die Veredelungsstelle 5 cm unterhalb der Erdoberfläche liegt. Ein quer gelegtes Stöckchen hilft, diesen Abstand einzuhalten.

dern hier wurden alle anderen Triebe abgeschnitten, damit sich einer als der spätere Stamm entwickeln konnte.

Ist die richtige Position gefunden, wird die Erde mit der Hand vorsichtig in das Loch geschoben und die Pflanze ab und zu ein bißchen hin und her bewegt, damit sich die Erde locker zwischen den Wurzeln verteilen kann. Dann drückt man das Erdreich mit den Fäusten fest, bis die Veredelungsstelle noch sichtbar ist. Das ist ausreichend und weniger gefährlich als das Festtreten mit Gummistiefeln oder anderem groben Schuhwerk, denn dabei werden sehr leicht Triebe oder Wurzeln verletzt. In die entstandene Vertiefung wird langsam ein Eimer mit Wasser entleert. Ist alles Wasser versickert, wird die restliche Erde angehäufelt – auch im Frühling, denn die Erde sackt in jedem Fall noch zusammen, und außerdem ist ein bißchen Schutz gegen Frühjahrssonne und -wind ratsam. Hochstammrosen werden nun mit einer Naturfaser, wie Sisal oder Bast, an drei Stellen angebunden, damit die Wurzeln sich in Ruhe im Erdreich verankern können. Sie würden durch ständige Bewegung der Pflanze bei Wind sonst nicht „Fuß fassen". Ein Jahr später genügt eine Befestigung unterhalb der Krone.

Soll eine Rose in ein Pflanzgefäß gesetzt werden, dann ist das Frühjahr die bessere Zeit, weil sie sich nicht an den vorhandenen Boden gewöhnen, sondern sowieso besonders behandelt werden muß. In das Gefäß kommt zuunterst eine etwa zehn Zentimeter dicke Drainageschicht aus Tonscherben oder Kieselsteinen, darüber wird ein wasserdurchlässiges Vlies gelegt, damit die Blumenerde nicht zwischen die Steine rutscht. Gartenfachgeschäfte haben dieses Pflanzsubstrat, wie die Blumenerde auch genannt wird, und Vliesstoffe vorrätig. Danach gilt dieselbe Prozedur wie bei den anderen Rosen. Für die Kübelkultur eignen sich am besten die sogenannten Container-Rosen, denn sie sind das Topfleben schon gewöhnt. Die Veredelungsstelle muß auch hier auf jeden Fall fünf Zentimeter unter der Erde liegen, auch wenn sie bei der gekauften Pflanze herausschaut. Alle zwei Jahre werden die Rosen umgetopft, nicht unbedingt wegen größeren Platzbedarfs, sondern um die Erde zu erneuern. Denn in den Kübeln spielt sich nicht das notwendige Mikro-Leben ab, das die Pflanzen brauchen und das

Kleinblütige Beetrosen fühlen sich bei guter Pflege auch in großen Pflanzkübeln wohl.

Begegnet ein Besucher dieser zarten Rosenschönheit im Garten, freut er sich über ein dezentes Etikett, das Auskunft über ihren Namen gibt: 'Lilac Charm'.

den Boden funktionsfähig erhält.

Am Ende jeder Pflanzaktion steht das Anbringen des Namensschildes. Sehr leicht werden die Namen vergessen oder mit anderen verwechselt. Und für Gartenbesucher ist es bequem, ohne Nachfragen den Namen der bewunderten Rose ablesen zu können. Der Garten sollte im Winter aber nicht durch zu auffällige Etiketten verunziert sein. Weiße Plastik- oder Porzellanschilder sind deshalb ungünstig; Holztäfelchen oder Leichtmetall, das im Laufe der Zeit grau wird, eignen sich weitaus besser.

Der Rosenexperte Karl-Heinz Hanisch hat neu eingepflanzte Rosen mit Patienten nach einer großen Operation verglichen, die ebenso empfindlich sind, Schonkost und Ruhe benötigen und grelle Sonne nicht vertragen. Das ist ein einprägsames Bild und hilft vielleicht mehr als alle theoretischen Anleitungen.

### *Nahrung*

Rosen benötigen für ein gesundes Wachstum zehn verschiedene Elemente in unterschiedlichen Mengen. Die wichtigsten sind für sie Kohlenstoff, Sauerstoff und Wasserstoff. Diese drei bekommt die Pflanze durch Luft und Wasser. An zweiter Stelle stehen Stickstoff, Phosphor und Kali. Dies sind die drei Hauptnährstoffe, die zusätzlich und regelmäßig als Dünger unter die Erde gemischt werden sollten. Kalzium (Kalk), Magnesium und Eisen sind normalerweise in ausgewogener Menge im Boden vorhanden und werden nur bei Mangelerscheinungen zugeführt: Kalk, wenn der Boden zu sauer ist oder wenn die Bodenstruktur verbessert werden soll, er macht Erde krümelig; Magnesium, das zur Bildung des Blattgrüns benötigt wird, wenn die Farbe der Blüten auffällig heller wird, die Blätter fast gelblich werden, die Blattrippen aber zu sehen sind. Eisenmangel hat ähnliche Folgen. Das letzte der notwendigen Elemente ist Schwefel, der aber fast immer ausreichend vorhanden ist. Auch mit Spurenelementen braucht normalerweise nicht künstlich nachgeholfen zu werden.

Gelockerte Gartenerde, die Lehmbestandteile besitzt und regelmäßig gefüttert wird, hat alles, was eine Rose braucht. Dazu wird einmal im Jahr, am besten im Spätherbst, Stallmist und Kompost um die Pflanze gegeben, als Ersatz Rasenschnitt, Rindenschredder oder

Sägemehl. Auf jeden Fall muß es organisches Material sein, das durch die verarbeitende Tätigkeit von Regenwürmern und anderen Kleinstlebewesen im Laufe des Winters den Boden verbessert. Im Frühling harkt man vorsichtig eine Gabe Rosendünger ein, in dem die notwendigen Bestandteile in der richtigen Mischung vorhanden sind. Das kann man, besonders bei öfterblühenden Rosen, im Frühsommer wiederholen. Es sollte jedoch nicht nach dem 15. Juli geschehen, denn zu späte Düngung verursacht viel neues Wachstum, das bis zum Winter nicht richtig ausreift und die Rose für frühen Frost empfindlich macht. Dieses Ausreifen der Triebe kann mit einer Gabe Patentkali im August beschleunigt werden, wie es manche Rosenexperten immer wieder dringend empfehlen. Heckenrosen, Wildrosen, Bodendecker und einmalblühende Rosen brauchen weniger Dünger, für eine Mulchschicht aus organischem Material sind sie aber ebenfalls dankbar.

Grundsätzlich muß immer peinlich genau auf die Mengenangaben auf der Rosendünger-Verpackung geachtet werden, denn „viel hilft *nicht* viel“! Besonders bei den als Bioprodukte angepriesenen Nährstoffzusätzen neigt man leicht zu der Haltung, sie könnten auf keinen Fall schaden. Das ist falsch. Brennesselbrühe und Hornspäne sind Stickstofflieferanten, Thomasmehl enthält viel Phosphor, Knochen- und Blutmehl viel Stickstoff. Von all dieser Chemie kann eine Rose schnell zu viel bekommen, sie wird fettleibig – d. h. es bildet sich zu üppiges dichtes Laub, und sie wird anfällig für Krankheiten und Frost. Besondere Vorsicht ist bei mineralischen Düngern geboten, denn sie wirken zwar schnell, werden aber auch schnell vom Regen ausgewaschen und verderben das Grundwasser. Auch die traditionelle jährliche Torfgabe sollte überprüft werden: Sie macht nicht nur den Boden sauer, sondern vernichtet obendrein langfristig unsere Moorgebiete.

Die Düngergaben werden vom Boden nur aufgenommen, wenn genügend Feuchtigkeit vorhanden ist. Deshalb sind bedeckte Tage nach einem Regenschauer am besten zum Düngen geeignet. Anderenfalls muß die Erde nach dem leichten Unterharken des Düngers gewässert werden. Das Wässern der Rosen darf übrigens nie von oben geschehen, son-

Gesund und gut genährt scheint diese Strauchrose ‘Lavender Pinocchio’ zu sein. Sie gehört allerdings auch zu den Rosen, die mit weniger guten Bodenverhältnissen noch zurecht kommen.

Ein winziger Hauch Wehmut wird ausgelöst beim Anblick dieser letzten Rosen, die von einem frühen Frost überrascht wurden (oben).

Rauhreif ist der große Zauberkünstler im winterlichen Garten (oben). Zarte, monochrome Gartenbilder entstehen, wenn Stauden erst im Frühjahr zurückgeschnitten werden, und wie mit Perlen bestickt wirken die bereiften Hagebuttenzweige der Ramblerrose über einer Metallaube (rechts).

*Rosa acicularis* schmückt sich im Herbst mit ihren roten Hagebutten fast prächtiger als mit den kleinen rosa Blüten.

dern immer nur von unten, damit das Laub möglichst trocken bleibt. Eine Folter sind Sprinkleranlagen, die kaltes Leitungswasser von oben regnen lassen – womöglich noch während eines Sonnentages. Am sinnvollsten ist die Bewässerung am frühen Morgen, damit eventuelle Feuchtigkeit auf der Pflanze während des Tages trocknen kann.

Wichtig ist der Grundsatz: In erster Linie wird der Boden gepäppelt, und Nutznießer ist die Pflanze. Nur bei außergewöhnlichen Standortbedingungen, sehr extremen Böden und nicht enden wollenden Schwierigkeiten, die Rose zur schönen Entfaltung zu bringen, müssen Bodenproben genommen werden, nach denen eine ganz exakte Analyse erstellt wird. Beim örtlichen Gartenbau-, Landwirtschafts- oder Umweltschutzamt erhält man Auskünfte darüber, wo und wie dies gemacht wird. Auch beim Thema Dünger ist das Bild der neugepflanzten Rose als Rekonvaleszentin zutreffend, denn sie ist gegen zu viel Dünger aller Art sehr empfindlich.

### *Winterschutz*

Heckenrosen, Bodendeckerrosen, Wildrosen und andere wurzelechte Rosen brauchen keinen Winterschutz, wenn sie als frostfest in der Region gelten. Auch die einmalblühenden Alten Rosen sind sehr viel weniger empfindlich als ihre modernen Verwandten, denn ihre Triebe sind „ausgereift“, wenn der Winter kommt. Das 20 Zentimeter hohe Anhäufeln mit Kompost und/oder Stallmist oder anderem organischen Material, das auch mit Erde vermischt werden kann, ist aber in jedem Fall für die Pflanze und den Boden von Vorteil. Die empfindliche Mitte der Rose wird zusätzlich durch Tannenzweige geschützt, damit Frost, Wind und Wintersonne bei gefährlichen Temperaturschwankungen keinen Schaden anrichten können. Da diese Gefahren im allgemeinen immer erst ab dem Januar drohen, läßt sich alle Weihnachtsdekoration – auch der zerkleinerte Tannenbaum – gut dafür verwenden, denn von zu früh angebrachtem Winterschutz ist abzuraten. Ein bißchen Abhärtung ist für Rosen nützlich. Das gilt übrigens auch für die Entfernung der schützenden Hüllen im Frühjahr. Wartet man zu lange damit, bilden sich in der feuchten Wärme eher Pilzkrankheiten darunter aus. Ein trüber Tag Ende März, Anfang

April, wenn keine starken Fröste mehr zu erwarten sind und der Boden schon etwas abgetrocknet ist, eignet sich am besten dazu. Dann wird auch die Anhäufelung vorsichtig um die Rose herum verteilt.

Kletterrosen werden auch angehäufelt; der Schutz mit Tannengrün kann natürlich nur bis zu einer gewissen Höhe reichen. Die empfindlichen neuen Triebe am oberen Teil der Pflanze frieren vielleicht ab, aber es entwickeln sich im Frühjahr sehr rasch neue. Ist der Standort sehr zugig, sind vorgebundene Sackleinentücher zu empfehlen.

Etwas komplizierter ist der Winterschutz bei Hochstammrosen. Eigentlich müssen sie, über den Knick am unteren Ende des Stammes gebogen, auf die Erde gelegt und mit einer Krampe fixiert werden. Dann wird die Veredelungsstelle zugehäufelt, wie bei den anderen Rosen auch. Dabei soll die Krone nicht in einem Loch liegen, denn dort kann sich Wasser sammeln. Im Frühjahr darf man das Festtreten des Wurzelballens nach dem Wiederaufrichten der Rose nicht vergessen! In vielen Fällen ist kein Raum für diese Operation vorhanden, und die Rose bekommt eine mehr oder weniger häßliche Haube übergestülpt. Vorher bindet man mit Bast Stroh, Holzwolle oder Tannengrün in und um die Krone, darüber kommt z. B. eine gelöcherte Ölpapiertüte oder sogenanntes Ballierungstuch. Das ist ein sehr grobmaschiges Naturgewebe, das Gärtnereien, Baumschulen und gute Gartenfachgeschäfte vorrätig haben. Ist die Rose nicht allzu hoch, kann man einen Zylinder aus Draht um sie herum stellen, den man bis über die Veredelungsstelle mit Laub füllt. Auf keinen Fall sollten Plastiktüten verwendet werden. Trotz hineingepiekster Löcher bildet sich zu schnell Schwitz-Feuchtigkeit in ihnen, und außerdem sehen sie häßlich aus. Wichtig ist das Entfernen aller Blätter an den Teilen der Rose, die abgedeckt werden, denn unter der Verpackung können sich die latent vorhandenen Pilzinfektionen erst richtig gut entwickeln.

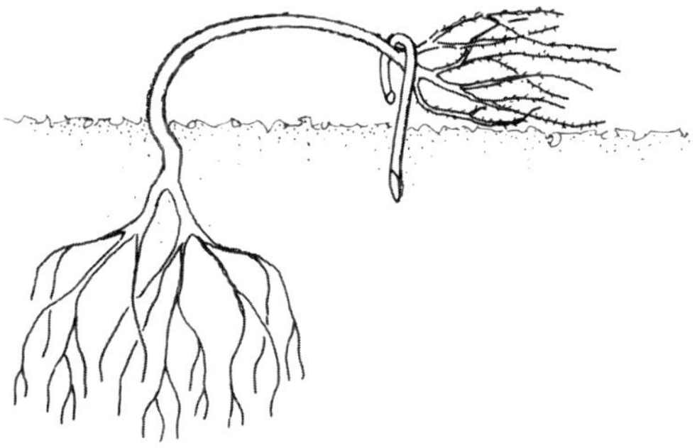

Entgegen dem spontanen Gefühl muß die Hochstammrose als Winterschutz *über* den Knick am Wurzelhals gebogen werden, sonst besteht Bruchgefahr. Und die Krone darf nicht in einer Kuhle liegen, bevor sie gut mit Tannenreisig und Erde bedeckt wird.

*Schnitt*

Rosen bilden im Laufe ihres Lebens immer neue Triebe aus, die älteren sterben nacheinander ab. Dementsprechend sollen mit dem regelmäßigen Rosenschnitt altes und totes Holz beseitigt, Wildtriebe ent-

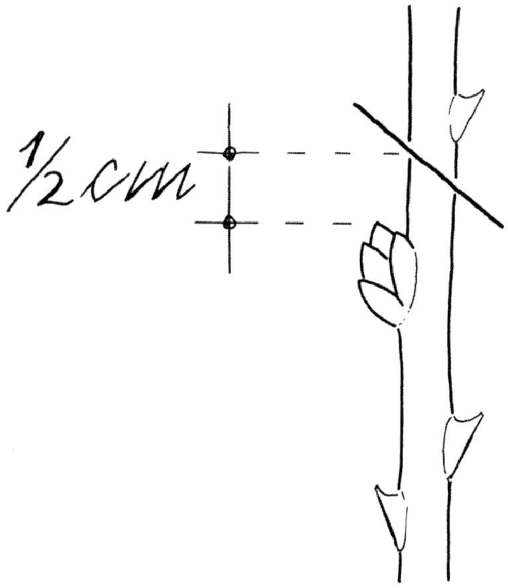


Einen halben Zentimeter oberhalb eines Auges schräg nach unten – so schneidet man Rosen richtig.

fernt und dadurch neues Wachstum gefördert werden. Indem der Rosenstrauch ausgedünnt wird, erhält die Pflanze mehr Luft und Licht, und durch den Schnitt gibt man ihr auch eine gefällige Form. Dieser Aspekt wird oft übersehen. Viele Rosenbesitzer stehen ein wenig ängstlich vor dem Strauch und überlegen, welche Maßnahme die Pflanze von ihnen erwartet. Dabei vergessen sie ihren eigenen Anspruch an das Aussehen der Rose. Man kann aber sehr viel mutiger daran gehen; wichtig ist die richtige Zeit, aber nicht unbedingt die Art und Weise des Schneidens. Es gibt Rosenliebhaber, die ihre Pflanzen mit einer Heckenschere trimmen, und sie erhalten als Ergebnis auch eine prächtige Blüte. In einigen Ratgebern wird ein genereller Rückschnitt um die Hälfte empfohlen, andere Experten wiederum gehen alle sechs Wochen nach einem ausgefeilten System an ihre Rosen. Der Rosenschnitt ist also auch eine individuelle Entscheidung, die etwas mit dem Charakter der jeweiligen Gärten und dem ihrer Besitzer zu tun hat.

Es gibt jedoch einige Grundregeln, die für *alle* Rosen gelten und die immer beachtet werden sollten: Totes Holz, schwächliche und sich kreuzende Triebe müssen entfernt werden. Dabei dürfen keine abgestorbenen Stummel am Fuß der Pflanze stehen bleiben, denn hier nisten sich Krankheitserreger ein. Die Form ist immer wichtig, deshalb sind neue seitliche Triebe kürzer zu halten als die Mitte, damit die Rose rundlich und buschig bleibt und nicht von unten verkahlt. Der Schnitt geschieht einen halben Zentimeter über einem Auge – das sind die kleinen Schwellknospen am Trieb, auch in Blattachseln zu finden – schräg nach unten. Die Rosenschere muß scharf geschliffen und sauber sein. Je stärker geschnitten wird, desto stärker ist der Neuaustrieb, folglich schneidet man kräftige Rosen weniger als die schwächlicheren Exemplare. Das Mark in den Trieben hat eine weiße Farbe; abgestorbene oder erfrorene Triebspitzen sind innen braun und müssen bis zur hellen Färbung zurückgeschnitten werden. Korrigierende Formschnitte können während der Vegetationsperiode vorgenommen werden, die verjüngende Grunderneuerung kann aber nur im zeitigen Frühjahr stattfinden. Bei diesem Verjüngungsschnitt kommt es allerdings darauf an, welche Rose man vor sich hat: ob sie einmalblühend, remontierend oder öfterblühend ist. Deshalb wäre es praktisch, wenn dies auf dem Etikett der Rose vermerkt wird.

*Schnitt der einmalblühenden Rosen*

Einmalblühende Strauchrosen sind nicht immer leicht zu bändigen, wenn man keine Korrekturschnitte vornimmt. Sie bilden lange einzelne Triebe, regelrechte „Ausreißer", die herunterhängen oder einsam in die Höhe schießen. Wenn sie blühen, fallen sie oft auseinander, und man bastelt mit Stöcken, Stangen und Bändern um ihre Taille herum. Das sieht alles nicht sehr schön aus und geschieht nur, weil man gelesen hat, daß Alte Rosen nicht beschnitten zu werden brauchen. Der wirkliche Sinn hinter dieser Aussage besteht aber nur darin, daß sie nicht wie die öfterblühenden Rosen in jedem Frühjahr völlig zurückgeschnitten werden müssen. Aber einen guten Formschnitt sollte man ihnen schon geben, dann halten sie sich selbst, sehen schöner aus, und die Blüten sitzen über dem Laub. Dazu stutzt man im Frühsommer, wenn die Knospen noch nicht ganz geöffnet sind, die darüber stehenden Laubtriebe auf die Höhe der Blütentriebe. Auf die Augen braucht man dabei nicht zu achten. Verwelkte Blüten sollte man nicht abschneiden, weil die Hagebutten im Herbst so hübsch sind. Das ist aber Geschmackssache, denn das Abschneiden der verblühten Blumen fördert natürlich die Kraft der noch nicht aufgeblühten anderen Knospen. Rosenblüten haben übrigens kurz vor der ersten Blattverzweigung ein regelrechtes Gelenk. Man kann sie dort – im Vorübergehen – mit der Hand sauber abbrechen. Ein bißchen Fingerspitzengefühl genügt, dann hat man diese „Soll-Bruchstelle" gefunden.

Ein zweites Mal schneidet man im Spätsommer wieder die in der Zwischenzeit gewachsenen neuen Triebe auf die Höhe der verblühten Triebe zurück. Seitliche, auf dem Boden liegende Triebe werden so weit gekürzt, daß der Strauch insgesamt seine kugelige Form behält. Im Frühjahr wird, wie bei allen anderen Rosen, das tote – aber nicht das alte! – Holz entfernt und bei Bedarf ein wenig ausgelichtet. Nur wenn der Busch zu groß geworden ist, wird er etwas kräftiger in die

Bei einmalblühenden Rosen sollen im Frühsommer die neuen Laubtriebe bis auf die Höhe der Blüten und Knospen der Vorjahrstriebe zurückgeschnitten werden. Dann behalten die Rosen ihre Form.

gewünschte Form zurückgeschnitten.

*Schnitt der öfterblühenden Rosen*

Edelrosen und andere öfterblühende Beet- und Strauchrosen brauchen einen jährlichen Verjüngungsschnitt. Dazu werden sie schon im Herbst auf die Hälfte gekürzt, und altes Holz und dünne Triebe werden entfernt, damit man besser anhäufeln kann. Im Frühjahr ist diese Prozedur zu wiederholen, denn der Winter hat einiges Holz und Triebspitzen erfrieren lassen, und dies alles muß bis an die Basis bzw. in das weiße Mark zurückgeschnitten werden, wenn keine längeren Frostperioden mehr zu befürchten sind. Ob man alles auf drei bis fünf Augen von der Basis her zurücknimmt, hängt ein bißchen vom Wuchs ab. Bei dünntriebigen Rosen heißt das, daß nur ca. zehn Zentimeter, bei kräftigeren aber bis zu 40 Zentimeter in der Höhe belassen werden sollten.

Die älteren Sorten der öfterblühenden oder zweimalblühende Strauch- und Beetrosen, zu denen die Portland-, Bourbon-, Moschata-, Damascena- aber auch die Remontantrosen gehören, behandelt man etwas vorsichtiger. Sie werden im Herbst höchstens „in Form", im Frühjahr nur um ein Drittel zurückgeschnitten. Aber auch hier muß man totes Holz entfernen, auslichten und wieder auf die Form achten. Dasselbe gilt für öfterblühende Englische Rosen.

Bei Bodendeckerrosen sind das Auslichten, die Entfernung des toten Holzes und ein leichter Korrekturschnitt im Frühjahr angebracht. Aber sie vertragen es ohne weiteres, wenn man durch einen kräftigen Rückschnitt ihre Ausdehnung und Größe nach Wunsch bestimmt.

*Schnitt der Kletterrosen*

Kletterrosen werden normalerweise fächerartig an einer Wand aufgebunden. Dabei sollten keine Triebe hinter das Spalier wachsen, denn sie können ziemlich dick werden und man bekommt sie nicht wieder heraus, ohne entweder die Triebe oder das Spalier zu beschädigen. Diese Halterungen sind nur dazu da, die Rosentriebe außen an ihnen festzubinden. Damit fängt man schon ganz unten an und zieht alles breit auseinander, denn aus waagerecht gezogenen Trieben bildet die Pflanze senkrechte Seitentriebe. Diese

Öfterblühende Rosen müssen jedes Jahr auf ungefähr ein Drittel zurückgeschnitten werden. Starke Triebe weniger, schwache mehr. Denn je stärker man schneidet, desto kräftiger treibt die Rose aus.

Eigenschaft kann man übrigens durch geschicktes Lenken der Triebe bei fast allen Rosen ausnutzen. Kletterrosen windet man aus diesem Grund spiralförmig mit ganz wenig „Steigung“ um Säulen herum.

Der Schnitt bei Kletterrosen hängt ebenfalls davon ab, ob sie einmal- oder öfterblühend sind. Einmalblühende müssen während der Vegetationsperiode in Form gehalten werden, d. h. die diesjährigen Laubtriebe werden zweimal im Jahr gekürzt, aber sie müssen nicht für eine Grunderneuerung jedes Jahr zurückgeschnitten werden. Totes Holz muß im Frühjahr entfernt werden. Praktischerweise beschneidet man die Kletterrose so, daß man sie überall noch mit einer Leiter erreichen kann. Bei öfterblühenden Kletterrosen werden im Sommer verwelkte Blüten herausgeschnitten und im Frühjahr alle neuen Seitentriebe auf wenige Augen zurückgestutzt. Die notwendige Verjüngung bedeutet, daß ungefähr alle drei Jahre der gesamte Rosenstock abgebunden und auf den Boden gelegt werden muß. Altes Holz wird gründlich entfernt, und jüngere Triebe werden gekürzt. Danach bindet man die Rose wohlgeordnet wieder an ihrer Kletterhilfe an. Gute Laune und dornenfeste Kleidung sind dabei sehr hilfreich.

Auch bei Rosenbögen, Girlanden oder Pergolen gelten folgende Regeln: Die diesjährigen Laubtriebe bei einmalblühenden Rosen laufend auf die gewünschte Form zurückschneiden – nur bei Bedarf für mehr Länge einzelne „Ausreißer“ anbinden – und im Winter noch einmal in die gewünschte Form schneiden. Bei öfterblühenden Rosen müssen im Frühjahr alle neuen Seitentriebe stark gekürzt werden, und das älteste Holz muß regelmäßig entfernt werden.

### *Schnitt der Hochstammrosen und Rosenhecken*

Hochstammrosen werden entsprechend der Veredelungssorte beschnitten. Fast immer sind sie öfterblühend und werden im Frühjahr auf ca. 20 Zentimeter gekürzt. Hier ist es noch wichtiger, bei dem Schnitt die kugelige Form im Auge zu behalten.

Für Kaskaden- oder Trauerrosen werden häufiger auch einmalblühende Sorten, z. B. Rambler, verwendet, weil sie so schöne weiche Triebe haben, die gut nach unten hängen. Also werden sie während der Vegetationsperiode auf die gewünschte Länge

Ein Gewächshaus und Arbeitsplatz wird von der Kletterrose 'Bantry Bay' geschmückt. Alle Seitentriebe dieser modernen Rose sollten im späten Winter, wenn keine starken Fröste mehr drohen, stark zurückgeschnitten werden.

Mit der schönen *Rosa gallica* 'Versicolor', auch *Rosa mundi* genannt, lassen sich niedrige Hecken bilden. Im Sommer kappt man einzelne längere Neutriebe, im Winter werden sie in die gewünschte Form geschnitten.

zurechtgeschnitten, im Frühjahr ausgelichtet, und das tote Holz wird entfernt. Bei öfterblühenden ist es manchmal nötig, neue Triebe nach unten zu binden, um die gewünschte Form zu erzielen. Auf jeden Fall aber müssen bei ihnen die alten Triebe regelmäßig entfernt und die neuen beschnitten werden.

Rosenhecken bestehen fast immer aus einmalblühenden Sorten. Also kappt man im Sommer einzelne längere Neutriebe und schneidet sie im Winter in die gewünschte Form. Dabei sollte man nicht zu vorsichtig sein, die Hecke muß kompakt und rundlich werden, sie soll auch unten blühen und im Sommer nicht auseinanderfallen.

### *Pflege*

Für die Pflege von Rosen gelten allgemeine Gärtnerregeln: Der Boden muß regelmäßig gelüftet werden. Dazu gibt es spezielle zweizinkige Rosengabeln, die senkrecht neben dem Strauch in den Boden gestoßen werden, damit die Wurzeln nicht verletzt werden. Dann wird mit leicht ruckenden Bewegungen das Erdreich gelockert. Eine dünne Mulchschicht aus organischem Material, die auf den feuchten Boden aufgebracht wird, verhindert schnelle Verdunstung und hält Unkraut zurück. Dazu eignen sich unkrautfreier Grasschnitt, Rindenmulch, gehäckselter Gehölzschnitt oder grober Kompost.

Bei großer Trockenheit wird, möglichst mit abgestandenem Wasser, am frühen Morgen gegossen, wobei das Laub trocken bleiben soll.

Welke Blüten werden abgeknipst, wenn die Rose keine Hagebutten ausbilden soll. Besonders nach Regenfällen oder in feucht-kalten Sommern müssen die verklebten oder verdorbenen Blüten und Knospen entfernt werden, sie sind potentielle Krankheitsträger.

### *Die Vermehrung von Rosen*

Die Kultur von Rosen überläßt man normalerweise einem Fachbetrieb, einer Baum- oder Rosenschule. Dort werden auf großen Feldern unter idealen Bedingungen Rosensorten vermehrt und fast immer auch durch einen angeschlossenen Versandhandel verkauft. Die Lizenzen zur Vermehrung von eingetragenen Sorten wurden bei den entsprechenden Züchtern eingekauft, es sei denn, es handelt sich um Wildrosen und nicht patentierte Rosen.

Viele Züchter betreiben neben dem aufwendigen, risikoreichen und langwierigen Hybridisierungsgeschäft gleichzeitig eine Rosenschule, in der zugekaufte Ware vermehrt und gehandelt wird. Der Kauf bei Fachbetrieben garantiert gute Ware, die Preise sind unter Berücksichtigung des Zeitaufwandes und der Handarbeit moderat, warum sollte man also selbst Rosen vermehren? Vielleicht lohnt es sich, wenn eine größere Fläche mit Bodendeckerrosen bepflanzt werden soll – oder man bekommt von einer namenlosen Rosenschönheit einen Steckling geschenkt und möchte sie unbedingt im Garten haben. Das wären zwei überzeugende Gründe. Aber oft sind es einfach die pure Lust am Experimentieren, Beobachten, Pflegen und der Riesenspaß, eine eigene Rose zu züchten. Wer sich voller Tatendrang in dieses Hobby stürzen möchte, sollte Fachliteratur und spezielle Anleitungen zu Rate ziehen. In diesem Rahmen geht es um grundsätzliche Informationen über die verschiedenen Methoden. Vielleicht sind sie der erste Anstoß für eine weitergehende Beschäftigung mit der Vermehrung oder sogar der Züchtung von Rosen.

Manche Rosen vermehren sich von selbst durch Ausläufer. Es gelingt allerdings nicht immer, sie abzutrennen und zu versetzen. Vorbedingung ist ein messerscharfer Spaten, den man mit Schwung über der Verbindung zur Mutterpflanze in den Boden rammen muß. Das Eintauchen des „Kindls“ in Hormonpulver kann dazu verhelfen, daß ohne Fäulnisbildung rasch neue Wurzeln entstehen.

Grundsätzlich unterscheidet man die vegetative Vermehrung, das Absenken, Okulieren und Stecken, von der generativen durch Aussaat. Wenn man Blüten selbst bestäubt und Pflanzen aus den Samen zieht, kann man sich schon als Züchter bezeichnen. Das sogenannte Absenken ist die einfachste Art der Vermehrung. Sie gelingt am besten mit weichtriebigen Rosen, Ramblern oder Alten Rosen. Schwieriger ist dies bei den Edelrosen und vielen Beetrosen, deren Triebe recht steif aufrecht in die Höhe wachsen und sich nicht ohne weiteres auf den Boden legen lassen. Man nimmt einen jungen Trieb und befestigt ihn mit einer Krampe in einer kleinen Vertiefung auf dem Boden. Dazu kann man starke, gekürzte Astgabeln oder

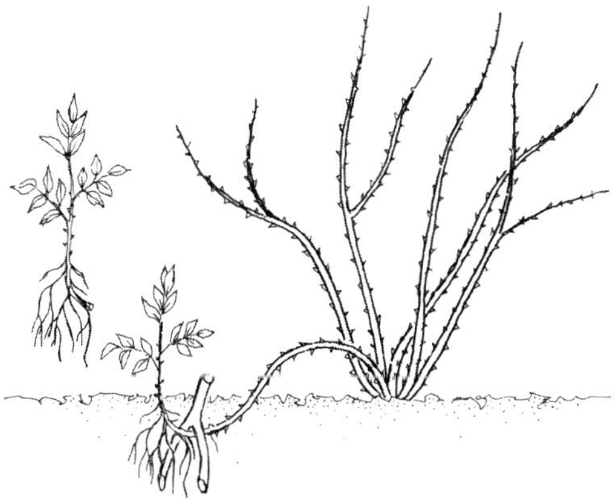

Durch das Absenken von weichen Rosentrieben kann man neue Pflanzen kultivieren, es ist die einfachste Art der Rosenvermehrung.

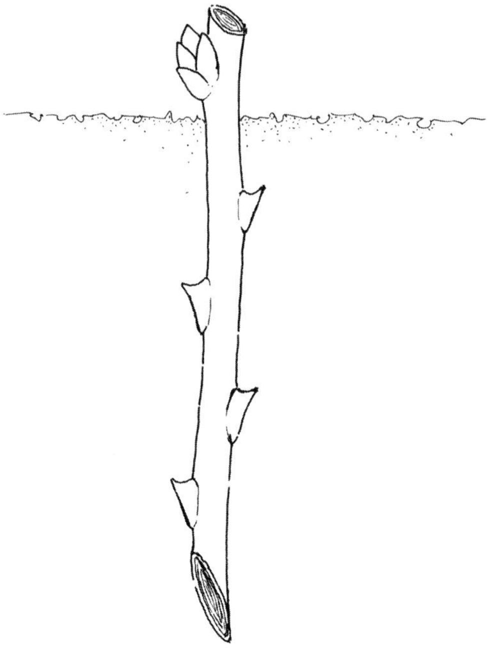

Steckhölzer schneidet man im Herbst und läßt das Auge knapp über dem Boden herausschauen.

Stecklinge sind Abschnitte von jungen Trieben. Sie werden in Töpfe gesteckt, und ein Blatt bleibt oben stehen.

Drahtbogen nehmen, die über dem Trieb in die Erde gesteckt werden. Danach wird diese Stelle angehäufelt; das mit Blättern besetzte Ende sollte ungefähr 30 Zentimeter herausragen. Nach einem Jahr haben sich Wurzeln gebildet, dann kann man den bewurzelten Trieb von der Mutterrose abtrennen und ihm einen eigenen Platz geben.

Mehr oder weniger gut lassen sich alle Rosen durch Steckhölzer vermehren, bei Strauch-, Wild- und Kletterrosen geht es allerdings leichter als bei Beet- und Edelrosen. Im Herbst wird ein bleistift-langes und bleistift-dickes Stück aus der Mitte eines ausgereiften Triebes geschnitten. Ausgereift bedeutet, daß er in dem Jahr schon Blüten getragen hat. Es werden alle Blätter entfernt und an beiden Enden unter- bzw. oberhalb eines Auges schräg beschnitten. Dazu nimmt man saubere, scharfe Scheren oder Messer, denn es besteht die Gefahr einer Infektion durch Schmutz, die Fäulnis verursachen kann. Über die Verwendung von Bewurzelungspulver gibt es unterschiedliche Auffassungen. Auf jeden Fall sollte nur ganz frischer Puder verwendet werden, denn alter Puder hat seine Wirkung verloren. Dann wird das Steckholz im Garten so tief in die Erde gesteckt, daß das obere Auge ca. zwei Zentimeter herausguckt. Der Boden darf nicht pappig sein, deshalb muß er gegebenenfalls mit etwas Sand gemischt werden, damit die Umgebung des Rosenstöckchens schön locker ist. Früher wurden diese Steckhölzer immer schräg in den Boden gesteckt, das ist aber ohne Bedeutung, senkrecht wachsen sie genauso gut an. Wichtig ist, daß Boden und Holz immer feucht gehalten werden, und im Winter muß aus diesem Grund und natürlich wegen der Frostgefahr alles mit Tannenzweigen abgedeckt werden. So entwickelt dieses Rosentriebstück im nächsten Frühjahr Blätter, und im übernächsten Jahr kann die Pflanze an ihren endgültigen Platz gesetzt werden.
Bekommt man auf einer Reise ein Steckholz geschenkt und kann es nicht sofort in die Erde pflanzen, dann hält es sich ganz gut in feuchten Tüchern oder feuchtem Papier. Es darf weder vor dem Pflanzen noch in der Erde jemals austrocknen.

Stecklinge dagegen sind Teilstücke mit vier bis fünf Blättern bzw. vier bis fünf Augen von jungen Trieben, die im Frühsommer geschnitten werden. Diese Triebe dürfen Knospenansätze haben, aber noch keine Blüten. Von dem unteren Teil, das unterhalb eines Auges abgeschnitten wurde, entfernt man die Blätter, oben läßt man einige stehen, die aber ein wenig gekürzt werden. Dann werden die Stecklinge ein paar Zentimeter tief in Töpfe mit feuchter Anzuchterde gesteckt. Um die Feuchtigkeit zu bewahren, stülpt man eine durchsichtige Plastiktüte darüber – Gefrierbeutel eignen sich z. B. gut hierfür – und befestigt sie mit einem Gummiband am Topfrand. Man kann auch Glasglocken darüberstellen, die natürlich sehr viel attraktiver aussehen. Diese Mini-Treibhäuser müssen hell stehen, aber nicht in der prallen Sonne. Bei zu viel Schwitzwasserbildung sollte ein wenig gelüftet werden. Nach vier Wochen haben die kleinen Rosenstecklinge Wurzeln gebildet, und sie können frei stehen. Im nächsten Frühjahr kommen sie an ihren festen Platz in den Garten. Diese Methode bringt die meisten Pflanzen in einem Jahr hervor, da man von einer Rose ziemlich viele Stecklinge schneiden kann, aus einem jungen Trieb oft sechs Teilstücke oder mehr.

Das Okulieren ist etwas komplizierter, aber es ist die am meisten verbreitete Methode der kommerziellen Kultivateure – der Rosenschulen – und hat den Vorteil, daß die Rose, die man vermehren möchte, auf einem bereits kräftigen Wurzelstock einer „Wirts"-Rose anwachsen kann. Dafür wird die Rinde dieser Unterlage T-förmig eingeritzt, etwas auseinandergeklappt, ein Auge bzw. eine Triebknospe der Zuchtrose hineingeschoben und alles bandagiert. Nur das Auge schaut noch heraus. Der Unterlage werden nach erfolgreichem Anwachsen des Edel-Auges alle Triebe oberhalb dieser Operationsstelle entfernt. Das ist der empfindliche Veredelungspunkt, der beim Einpflanzen unter die Erde kommen muß und im Winter besonders geschützt wird, bei Hochstammrosen ist eine extra Hülle nötig. Die Unterlage ist oft eine besonders wüchsige Wildrose, aber die Form und Farbe der späteren Pflanze sind von der Art der Rose, von der das okulierte Auge stammt. Unterhalb der Veredelungsstelle bildet die Rose häufig noch eigene Triebe aus, die sogenannten Wildtriebe, die entfernt werden müssen, weil sie der aufgepfropften Rose zuviel Kraft

Eine verwunschene Gartensituation wird mit Kletter- und Strauchrosen, Stauden und Töpfchen voller Steinbrechgewächse geschaffen.

Weiße Rosen leuchten noch im Dämmerlicht und sind besonders vor dunklen Immergrünen attraktiv (oben), wie dieser schön angelegte Garten zeigt.

Die Kletterrose 'Ilse Krohn' hat einen sehr feinen Farbton, ihre schneeweißen Petalen verdichten sich sahnegelb in der Mitte (oben).
Goldgelbe 'Graham Thomas' und weiße 'Schneewittchen' – beide sind moderne Rosen von altmodischem Liebreiz (links).

nehmen. Alles Zubehör, das man für diese Vermehrungsmethode braucht, Okuliermesser, Gummischnellverschlüsse oder Bast, kann man in guten Gartenfachgeschäften kaufen; Rosen, die als Unterlage verwendet werden, erhält man direkt in Baum- bzw. Rosenschulen oder durch den Rosenversandhandel.

Bei der generativen Vermehrung – d. h. der Anzucht von Rosen durch Samenkörper – bekommt man selten eine sortenechte Reproduktion, da die Bienen vor der Bestäubung oftmals andere Rosen besucht haben. Es gibt kaum eine Gartensituation, in der eine Rosensorte völlig isoliert steht, aber interessante Zufallskreuzungen können dabei schon herauskommen. Gerade für Kinder ist es ein großer Spaß, Pflanzen aus Samen heranzuziehen, und die Spannung ist groß, welche Blüte die kleine Rose wohl bekommen wird.

Rosenpracht in dieser Fülle ist das Ergebnis guter Pflege und eines richtigen Standortes. Hier stehen die Rosen in der Sonne und werden vom Wind umspielt.

### *Schädlinge und Krankheiten*

Rosenliebhaber sollten sich nicht von der Aufzählung der verschiedenen Krankheiten und Schädlinge auf den nächsten Seiten abschrecken lassen. Nur in seltenen Fällen stellen sie eine wirklich ernsthafte Bedrohung dar. Wenn der Standort stimmt, Bodenbeschaffenheit und Pflegemaßnahmen zufriedenstellend ausfallen, dann gehen etwaige Attacken von Läusen oder Rollblattwespen auch wieder vorüber. In einem anderen Jahr sind vielleicht die Pilzkrankheiten „dran“, weil der Sommer feucht und kalt oder zu heiß und trocken war. Selbstverständlich sollen alle möglichen vorbeugenden Maßnahmen und angemessene Bekämpfungsmittel angewendet werden, aber immer in dem Bewußtsein, daß Pflanzen lebendige Organismen sind, die auf Umwelteinflüsse reagieren und deren Aussehen entsprechend immer verschieden ausfällt. Wetterschwankungen sind normal, und es ist immer richtig, guter Dinge auf das nächste Jahr zu hoffen, in dem alles anders und besser werden kann.

Beim Gang durch den Garten sollten nicht nur verwelkte Blüten abgeknipst werden, sondern auch etwa vorhandene Läuse mit den Fingern abgestreift und heruntergefallene Blätter, auf denen sich Pilzsporen befinden könnten, aufgesammelt werden. Im Herbst ist dies besonders wichtig, da die Sporen auf dem Laub überwintern, um sich im Frühjahr auf die neuen

Triebe zu stürzen. Diese Blätter – und abgeschnittene, von Mehltau oder der Rollblattwespe befallene Teile der Pflanze – kommen nicht auf den Komposthaufen. In manchen Rosenratgebern wird „verbrennen“ angeordnet. Das ist natürlich am sichersten, aber nicht immer ohne weiteres machbar, denn frische Pflanzenteile brennen nicht gut. Bewahrt man alles auf, bis eine gewisse Menge zusammengekommen und getrocknet ist, hat man sich einen Infektionsherd angelegt. Also besser gleich in die Mülltonne damit.

Im Frühjahr, wenn die neuen Triebspitzen, die Blättchen und Knospen so zart und saftig sind, findet man viele kleine Raupen an den Rosen, die leicht abzusammeln sind. Läuse streift man am besten mit dem Daumen und Zeigefinger ab. Bei starkem Befall ist eine sanfte Waschung mit einer ganz milden Seifenlauge wirksam. Aber Marienkäfer müssen verschont werden, denn sie sind als Läusefresser nützlich und nicht schädlich. Gegen Pilzbefall wie Rost, Sternruß- und Mehltau beugt man mit sparsamen Düngergaben, Luftbewegung und dem Aufsammeln aller befallenen Blätter vor.

*Tierische Schädlinge*

**Blattläuse**
Das sind kleine grüne, rotbraune oder schwarze Sauginsekten, die die Rose schwächen, besonders an Knospen und Triebspitzen. Sie sind die häufigsten Schädlinge. Man kann sie abstreifen oder abwaschen, auch Marienkäfer helfen.

**Blattrollwespe**
Die einzelnen Blätter rollen sich zu schmalen Röhrchen zusammen, weil die winzige, schwarze Blattrollwespe ihre kleinen Eier im Mai/Juni an den Rändern ablegt. Man findet nicht in jedem Blatt eine Larve. Im August lassen sie sich auf den Boden fallen und verpuppen sich dort. Gerollte Blätter sofort abknipsen und in den Mülleimer werfen.

**Dickmaulrüßler**
Das ist ein dunkelgrauer Käfer, der nachts an den Blättern frißt. Man findet ihn tagsüber nicht, auch seine Larven sind verborgen im Erdboden, wo sie an den Wurzeln nagen. Manche Gartenspezialisten machen im Dunkeln mit einer Taschenlampe erfolgreich Jagd auf ihn.

**Rehe**
Im Zusammenhang mit tierischen Schädlingen müssen auch die Rehe genannt wer-

den. Sie lieben Rosenknospen – obwohl es kaum vorstellbar ist, wie sie mit ihren lackglänzenden, weichen Schnauzen gefahrlos an diese Leckerbissen herankommen. Da helfen nur hohe Zäune, trotz der Vielzahl kurioser Hausmittel: Alte, vielgetragene Schuhe, Socken oder andere Gegenstände, die „nach Mensch riechen“, sollen sie vertreiben. Angeblich gibt es schon künstlich hergestelltes Mensch-Aroma, das, auf Saugpapier aufgetragen, in die Rosenbüsche gehängt werden kann.

**Rosentriebbohrer**

Dieser üble Geselle richtet großen Schaden an: Junge Triebe werden auf einmal schlaff und sterben ab. Dann hat im Inneren die kleine Larve des Rosentriebbohrers das ganze Mark weggefressen. Man erkennt die kleinen kreisrunden Löcher am Stiel. Es gibt auf- und abwärtswandernde Arten. Bei dem allerersten Anzeichen müssen diese Triebe bis zum gesunden Teil abgeschnitten und in den Mülleimer geworfen werden, sonst ist die Larve längst aus dem Ausgang verschwunden und hat sich am Boden verpuppt, wo man sie nicht mehr findet.

**Rosenzikaden**

Das sind kleine, etwa 3 mm große, gelbliche Hüpfer, die die oberen Schichten der Blätter abfressen, wodurch blaßgraue Flecken entstehen. Sie treten besonders an Kletterrosen auf. Abwaschen hilft manchmal, allerdings hüpfen sie schnell davon, wenn man die Rose berührt. Hier helfen viele Vögel im Garten.

**Rote Spinne**

Anzeichen für diesen Schädling sind kaum mit dem bloßen Auge erkennbare winzige rote Spinnmilben, die sich mit einem silbrigen Gespinst schützen und den Pflanzensaft der Rosen aussaugen. Die Rote Spinne befällt Pflanzen vor einer sonnenbeschienenen Mauer. Dagegen hilft das Spritzen mit Schachtelhalmbrühe (gibt es als getrocknetes Pulver zu kaufen), da die Moleküle des Schachtelhalms eine kristalline Struktur haben, die die Tierchen nicht mögen. Diese Brühe hilft übrigens auch gegen Pilze.

**Schaumzikaden**

Diese ovalen Mini-Hüpfer sitzen in Blattachseln und hüllen sich mit weißlichem Schaum ein. Deshalb sind sie leicht zu erkennen und zu entfernen, außerdem richten sie nicht viel Schaden an.

**Trips**

Das ist ein winziges, schwarzes Insekt, das an Blättern und

sogar an Knospen nagt. Es entstehen graue Flecken bzw. die Knospen sind an der Spitze abgefressen. Am besten bricht man die befallenen Teile ab und wirft sie in die Mülltonne. Manchmal hilft das Abspritzen mit kaltem Wasser. Das wiederum liebt die Rose überhaupt nicht, es sollte deshalb nur bei massivem Befall angewandt werden.

*Pilzkrankheiten*

**Mehltau, echter und falscher**
Echter Mehltau bildet auf der Blattoberseite, den Triebspitzen und Blütenknospen einen weißlichen Belag, falscher Mehltau nur auf der Blattunterseite. Die Gegenmaßnahmen sind dieselben wie beim Befall mit Sternrußtau. Allerdings überwintert der Pilz auch am Holz der Rose, deshalb sollten befallene Pflanzen schon im Herbst stark zurückgeschnitten werden.

**Rosenrost**
An der Blattunterseite bilden sich leuchtend orangefarbene Punkte. Das Laub bekommt gelbe Flecken und stirbt ab. Im Herbst zeigt sich der Pilzbefall in schwarzer Farbe. Es gibt Rosen, die besonders rostanfällig sind, wie z. B. 'Conrad Ferdinand Meyer'. Verzichten sollte man trotzdem nicht auf solche Prachtstücke. Lieber sollte man vorbeugend regelmäßig im Frühjahr mit Schachtelhalmbrühe spritzen – auch von unten –, befallene Blätter abknipsen, heruntergefallene aufsammeln und alles in den Müll werfen.

**Sternrußtau**
Der Sternrußtau ist eine gefürchtete Pilzkrankheit. Es bilden sich dunkle Flecken mit leicht ausgefransten Rändern auf den Blättern. Sie werden gelb und fallen ab. Bei sehr starkem Befall kann das gesamte Laub einer Rose verschwinden, und die Pflanze wird sehr geschwächt. Alle Blätter – alle!! –, die herunterfallen, aufsammeln und in den Müll werfen. Der Pilz überwintert auf ihnen. Das Sprühen mit Schachtelhalmbrühe hilft etwas, dient aber eher als Vorbeugung.
Natürlich gibt es gegen alle diese Bedrohungen auch chemische Mittel, die mehr oder weniger schadstoffhaltig und unterschiedlich wirksam sind. Die Entscheidung für eine derartige Behandlung ist grundsätzlicher Natur und hängt auch von dem Ausmaß der Krankheit ab. In jedem Fall sollte man sich beraten lassen und die Mengenangaben auf den Verpackungen peinlich genau beachten.

Eine gute Rosenschere ist ein Schatz, der wohl gehütet sein will. Praktisch zur Aufbewahrung ist der Korb an einem Spazierstock.

### *Utensilien für den Rosengarten*

Die Pflege der Rosen wird erst durch richtige Gerätschaften zu einem Vergnügen, deshalb sollten Anschaffungen gut überlegt werden. Besonders bei Rosenscheren gibt es eine riesige Auswahl, die eine Entscheidung erschwert. Wie auch bei anderen Konsumgütern gelten gewisse Namen oder die Höhe des Preises als Qualitätsnachweis, obwohl das oft nicht zutreffend ist.

In einer sehr angesehenen englischen Gartenzeitschrift wurden vor einiger Zeit die bekanntesten Rosenscheren getestet, ein Mitglied der Jury war der Obergärtner des berühmten Rosengartens in Mottisfont Abbey. Läßt man die bei uns schwer erhältlichen Produkte fort, liest sich die Empfehlung folgendermaßen:

1. Gardena 190 SL
2. Felco Nr. 6
3. Gardena 210 SL
4. Fiskars Professional
5. Fiskars Action Pruner
6. Felco Nr. 5

Vielleicht hilft diese Liste bei der Auswahl. Erhältlich sind die Scheren in guten Fachgeschäften oder großen Gartencentern.

Zweiter unverzichtbarer Helfer im Rosengarten ist die Rosengabel. Schmal und mit langen Zinken soll sie sein, damit der Boden vorsichtig gelockert werden kann. Dieses nützliche Gerät wird leider nicht überall angeboten, obwohl es sehr gute Gabeln gibt. Man erhält sie direkt bei Gartengeräte-Versendern. Hier eine Auswahl:

Rosengabel „Malmaison“ – mit drei scharfen, 17 Zentimeter langen Zinken und einem rotlackierten 86 Zentimeter langen Holzstiel. Dazu wird ein praktischer Kräuel „Bagatelle“ angeboten, mit dem sich gut das Unkraut lockern und herausreißen läßt. Zu beziehen durch

Heidrun Freifrau Schenck zu Schweinsberg
Gartenhaus
35260 Schweinsberg
Tel. 06429-346

Die Firma Wilhelm Förster, Eisen- und Stahlwarenfabrik, Postfach 1252
58542 Halver
Tel. 02353-2563
bietet eine zweizinkige Rosengabel mit 15 Zentimeter langen, runden Zinken und wahlweise 60 Zentimeter oder 100 Zentimeter langem Holzstiel an. Passend dazu gibt es einen schmalen Spaten. Es lohnt sich, den Prospekt anzufordern.

Ein Expertentip ist die flachzinkige Rosengabel der Freund-Victoria-Gartengeräte GmbH
Postfach 1120
73601 Schorndorf
Tel. 07181-20000
Ihre Zinken sind 26 Zentimeter, der Stiel aus Holz ist 85 Zentimeter lang. Die Breite beträgt nur 8 Zentimeter.

Dem historischen Vorbild nachgeschmiedet ist die Nobel-Rosengabel der Firma Sneeboer, die über den Versandhandel
Manufactum
Elbestr. 12
45768 Marl
Tel. 01805-244242
erhältlich ist. Die Zinkenlänge beträgt 24 Zentimeter, die Gesamtlänge 113 Zentimeter.

*Rosenkauf*

Und nun zu den Rosen selbst. Die beste Bezugsquelle ist sicherlich eine Rosenschule in der Nähe des eigenen Wohnortes, wo man sich die Pflanzen vor dem Kauf ansehen kann und Auskünfte von Mitarbeitern erhält.

Eine gute Alternative sind Rosenschulen mit einem Versandhandel. Sie versenden auf Anfrage ihre informativen Kataloge. Durch eine passende Verpackungstechnik erreichen die Rosen ihren Bestimmungsort in einem tadellosen Zustand.

**Deutschland**
Beaufays
Dyckburgstr. 403
48157 Münster-Südmühle
Tel. 0251-32038

BKN Strobel
25421 Pinneberg
Wedeler Weg 62
Tel. 04101-20550

Goos
Alte Hohl 7
69168 Wiesloch-Baiertal
Tel. 06222-734334
Fax 06222-73439

Ingwer J. Jensen
Am Schloßpark 2b
24960 Glücksburg
Tel. 04631-60100
Fax 04631-2080

Rosengärtnerei Kalbus
90581 Altdorf/Hagenhausen
Tel-Fax 09187-5729

W. Kordes Söhne
25365 Klein Offenseth-Sparrieshoop
Tel. 04121-48700
Fax 04121-84745

Im Rosarium des Rosenkultivateurs Ingwer Jensen in Glücksburg prunkt die rosa Kletterrose 'Albertine'.

Rittersporn verträgt sich gut mit Rosen. 'The Prince' ist eine Englische Rose des Züchters David Austin.

Lacon
J.-S.-Piazolostr. 4a
68759 Hockenheim
Tel. 06205-4001
Fax 06205-18574

Noack Rosen
33334 Gütersloh
Tel. 05241-20187
Fax 05241-14085

Walter Schultheis
Rosenhof
61231 Bad Nauheim-Steinfurth
Tel. 06032-81013
Fax 06032-85890

Tantau
Tornescher Weg 13
25436 Uetersen
Tel. 04122-7084
Fax 04122-7087

**Belgien**
Pépinières Louis Lens
Mechelbaan 117
B-2860 Onze-Lieve-Vrouw-Waver

**Frankreich**
Roseraie de Berty
F-07110 Largentiere
Tel. 75-883056
Fax 75-883693

George Delbard
Malicorne
F-03600 Commentry

Roseraies Orard
56 route de Lyon
F-69320 Feyzin
Tel. 78-703236
Fax 78-703368

**Großbritannien**
Acton Beauchamp Roses
Lindsey Bousfield
Acton Beauchamp
GB-Worcestershire WR6 5AE
Tel. 01531-640433
Fax 01531-640802

David Austin Roses
Bowling Green Lane
Albrighton
GB-Wolverhampton WV7 3HB
Tel. 01902-375090
Fax 01902-375177

Mattock's Roses
Nuneham Courtenay
Oxford
GB-Oxfordshire OX9 9PY
Tel. 01865-343265
Fax 01865-343267

Peter Beales
London Road
Attleborough
GB-Norfolk NR17 1AY
Tel. 01953-454707
Fax 01953-456845

**Niederlande**
Belle Epoque
W. M. Verhue
Rozenkwerkerij
Mollendijk 9
NL-3233 LN Ostvoorne

Zeeuwze Rozentuin
Groneweg 3
NL-4485 PH Kats/Zeeland
Tel. 0113-600361
Fax 0113-601348

**Österreich**
Grumer
A-2285 Leopoldsdorf/Marchfeld
Tel. 02216-22230
Fax 02216-222333

**Schweiz**
Richard Huber
Rotbühl 10
CH-5605 Dottikon AG
Tel. 057-241827
Fax 057-242424

Das Angebot an Rosenbüchern ist vielfältig. In den Gartenbuchabteilungen der Buchläden läßt sich unter verschiedenen Ausgaben stöbern, und in Lübeck gibt es sogar eine Rosenbuchhandlung: Weiland, Königstraße 67a, 23552 Lübeck, Tel. 0451-160060.

Und als wirklich weltweite Besonderheit besteht seit 1990 in Steinfurth ein Rosenmuseum. Die Leiterin Sabine Kübler sammelt und erforscht systematisch alles, was es über Rosen zu wissen gibt, und sie publiziert ihre Ergebnisse in Informationsschriften, dem Katalog des Rosenmuseums „Blatt für Blatt die Rose“ und in anderen Medien.
Rosenmuseum Steinfurth
Alte Schulstraße 1
61321 Bad Nauheim-Steinfurth
Tel. 06032-86001
Fax 06032-87915

Bücher mit Ansichten berühmter Gärten sind in verführerischer Anzahl auf dem Markt. Besonders England, hier ist Tintinhull abgebildet, gilt als Anziehungspunkt für viele Gartenliebhaber und Fotografen.

# Anhang

Im Rosarium des Dortmunder Westfalenparks kann man zwischen Rosen spazierengehen und sich unter duftenden Rosenranken niederlassen. Es ist einer der schönsten Rosengärten der Welt.

*Rosenvereine*

Überall in der Welt gibt es besondere Gärten, die durch die Rosen berühmt geworden und für die Öffentlichkeit zugänglich sind. Von den großen Parkanlagen, die Rosensammlungen besitzen bis hin zu kleinen Privatgärten mit einzelnen Besuchstagen, Schauanlagen der Rosenschulen und Sichtungsgärten botanischer Institute, Rosendörfern und Rosenmuseen. Reisende, die sich besonders gut vorbereiten wollen, erhalten auf Anfrage von den Gesellschaften und Vereinen des jeweiligen Landes entsprechende Informationen:
In St. Albans/Großbritannien hat übrigens auch die *Internationale Rosengesellschaft* ihren Sitz, die sicherlich auf jede Frage eine Antwort parat hat.

World Federation of Rose Societies,
46 Alexandra Road
GB-St.Albans, Hertfordshire AL1 3AZ

**Deutschland**
Verein Deutscher Rosenfreunde e. V.
Waldseestr. 14
76530 Baden-Baden
Hier erhält man auch Auskünfte über regionale Freundeskreise, die noch detaillierter informieren können.

**Dänemark**
Det Danske Rosenselskab
Kirkedalsvej 63
Rårup
DK-7130 Juelsminde

**Frankreich**
Société Française des Roses
6 Rue J. B. Couty
F-69009 Lyon

**Großbritannien**
Royal National Rose Society
Chiswell Green
GB-St.Albans
Hertfordshire AL2 3NR

**Italien**
Associazione Italiana della Rosa
Roseta Niso Fumagalli
Villa Reale
I-20052 Monza (MI)

**Kanada**
Canadian Rose Society
10 Fairfax Crescent
Scarborough
Ca-Ontario MIL 1Z8

**Neuseeland**
National Rose Society of New Zealand
PO Box 66
NZ-Bunnythorpe

**Niederlande**
Nederlandse Rosenvereniging
Cromhoutstraat 36
NL-6971 AV Brummen

**Schweden**
Svenska Rosensällskapet
Martinvägen 33
S-16155 Bromma

**Schweiz**
Gesellschaft Schweizerischer Rosenfreunde
Postfach 1274
CH-8640 Rapperswil

**Spanien**
Asociación Española de la Rose
Rosaleda Ramon Ortiz
Parque del Oeste
E-28008 Madrid

**Südafrika**
Federation of Rose Societies
of South Africa
PO Box 281 88
Sunnyside 0132, RSA

**Vereinigte Staaten von Amerika**
American Rose Society
P.O. Box No. 30000
USA-Shreveport
LA 71130-0030
nennt auch die Anschrift des Rosengartens von Dr. Van Fleet (siehe Rosenzüchter)

*Die schönsten Rosengärten*

Über ihre nationalen Grenzen hinaus sind die folgenden Rosengärten bekannt und zu Wallfahrtsorten der Rosenliebhaber geworden:

**La Roseraie de l'Hay les Roses**
Rue Albert Watel
L'Hay les Roses, 5 km südlich von Paris. Dieses Rosarium beherbergt Frankreichs größte Rosensammlung. Jules Gravereaux gründete 1892 dieses der Anlage von Kaiserin Joséphine in Malmaison nachempfundene erste öffentliche Rosarium. Neue und historische Rosen werden in einem zauberhaften Garten mit Rankgerüsten, Lauben und weißen Kieswegen gezeigt, inzwischen sollen es über 3000 Arten sein.

**Mottisfont Abbey Garden**
bei Romsey in Hampshire (nördlich von Southampton/Großbritannien).
Der Rosengarten dieser Abtei aus dem 13. Jahrhundert ist eine neuere Anlage – von 1971 – des zu Recht berühmten Rosenkultivateurs und Buchautors Graham Stuart Thomas. Mit Staudenbeeten, Wasserbecken und Buchsumrandungen präsentiert sich hier eine Sammlung historischer Rosen in einem erlesenen Rahmen.

**Deutsches Rosarium in Dortmund**
Westfalenpark.
44139 Dortmund
Beginnend am Eingang an der Ruhrallee führt der sogenannte Rosenweg über 38 Stationen durch den Park bis zum Rosengarten im Kaiserhain. Hier erlebt man die Wuchsformen, Züchtererfolge und Verwendungen der Rose in allen Dimensionen – ein berauschendes Farb- und Dufterlebnis.

**Rosarium Sangerhausen**
Steinberger Weg 3
06526 Sangerhausen.
Hier befindet sich die bedeutendste Rosensammlung der Welt. Über 6500 Arten und Sorten in über 40 verschiedenen Rosenklassen können bewundert werden. Auf Initiative des Vereins Deutscher Rosenfreunde und auf Anregung des Rosenzüchters Peter Lambert wurde in Sangerhausen 1903 das erste deutsche Rosarium eröffnet. Es ist nicht nur ein lebendiges Rosenmuseum, sondern auch ein international renommierter Ort der Rosenforschung und -erhaltung.

Über die genannten Rosengärten hinaus haben viele große Parks einen eigenen Rosengarten, und in Botanischen Gärten werden Rosensammlungen gepflegt. Es gibt unbekannte Kleinode wie z. B. das Rosarium in Wilhelmshaven und Klassiker wie den Rosengarten der Alhambra in Granada, Spanien.
Die folgende Auflistung nennt Gärten, in denen Rosen besonders zahlreich oder besonders schön präsentiert werden. Darüber hinaus gibt es noch viele mehr, die in Garten- und Parkführern zu finden sind. Es gibt aber auch kleine Kostbarkeiten zu entdecken, die durch Nachfragen am Ort aufgespürt werden können. Innerhalb Deutschlands und Großbritanniens sind die Gärten nach Orten alphabetisch aufgelistet, sonst nach den Namen.

**Deutschland**
Baden-Baden, Kurgarten
Bad Nauheim-Steinfurth, Schaugärten der Rosenkultivateure
Coburg, Rosengarten
Erfurt, Rosengarten der EGA
Frankfurt, Palmengarten
Glücksburg, Rosarium beim Schloß
Hamburg, Rosengarten in Planten un Blomen
Hannover, Schloßpark Herrenhausen
Kassel, Roseninsel im Park Wilhelmshöhe
Mainau, Rosengarten auf der Insel Mainau, Bodensee
München, Rosengarten im Botanischen Garten
Uetersen, Rosarium
Weihenstephan bei München, Sichtungsgarten
Zweibrücken, Rosengarten

**Belgien**
Schloß d'Annevoie, südlich Namur
Mariemont Park, Morlanwelz, östlich Mons
Parc du Roeulx, Le Roeulx, östlich Mons

**Großbritannien**
The Rectory, Cambridgeshire
Cholmondeley Castle und Tatton Park, Cheshire
Levens Hall, Cumbria
Haddon Hall, Derbyshire
Rosemoor Garden, Devon
Hyde Hall Garden, Essex
Barnsley House, Kiftsgate Court und Sudeley Castle, Gloucestershire
Barton Manor, Hampshire
Harkness Garden in Hitchin und St. Albans, Hertfordshire
City of Belfast International Rose Garden, Irland
Hever Castle, Leeds Castle und Sissinghurst, Kent
Queen Mary's Rose Garden, London
Blenheim Palace und Oxford Botanic Garden, Oxfordshire
Drum Castle, Schottland
David Austin Roses, Shropshire
Polesden Lacey, Surrey
Apuldram Roses und Nymans, W. Sussex
Heale House, Longleat House und Manor Farm, Wiltshire

**Holland**
Schloßgarten Arcen, nördlich Venlo
De Wiersse, südöstl. Zutphen
Beeckestijn, Velsen-Süd, nördlich Haarlem
Menkemaborg, Uithuizen
Park Rosendael, Kerklaan, Rosendael nordöstl. Arnheim
Prinsenhof Groningen, Turfsingel
Westbroekpark, Den Haag

**Italien**
Boboli Gärten in Florenz
Giardino Hanbury in La Mortola, Ventimiglia
Giardino Municipale della Rosa, Rom
Ninfa, nordöstl Latina, südöstl. Rom
Rosarium der Villa Reale, Monza
Villa Gamberaia, nordöstl. Florenz
Villa Idania, Gardasee
Villa Taranto, Pallanza

**Österreich**
Botanischer Garten, Linz
Rosarium, Wien

**Schweiz**
Landwirtschaftsschule Charlottenfels, Neuhausen am Rheinfall
Rosarium Park de la Grange, Genf
Rosengarten, Raperswil
Schaugarten des Rosenkultivateurs Huber, Dottikon
Schloß Heidegg, Gelfingen bei Luzern

*Rosendörfer*

Die Entstehung der sogenannten Rosendörfer ist einem Präsidenten des Vereins Deutscher Rosenfreunde zu verdanken. Oskar Scheerer hatte 1955 die Idee, im Rahmen der Aktion „Unser Dorf soll schöner werden" Gemeinden aufzufordern, sich für eine besondere Gestaltung ihres Dorfes mit Rosen zu bewerben. Geeignete Orte sollten dann eine fundierte Beratung durch den Rosenverein erhalten, die Pflanzen würden von Rosenschulen gestiftet und die glücklichen Empfänger mußten sich verpflichteten, die Anlagen später entsprechend zu pflegen. Diese Aktion wurde ein Riesenerfolg. Das erste Rosendorf, Schmitshausen in der Pfalz, schmückte seine Straßen, Plätze, Hauswände und den Friedhof mit 10 000 gespendeten Rosen und veranstaltet seit der Einweihung 1967 alle zwei Jahre ein Rosenfest.
Weitere Rosendörfer entstanden in den folgenden Jahren. Sie wurden vom Verein der Rosenfreunde mit Bedacht ausgewählt, denn man wollte unterschiedliche Standortbedingungen überprüfen. Auf diese Weise kann man heute nicht nur in der Pfalz, sondern auch im feuchten Norddeutschland, in Seppenrade, und in einer Höhenlage des Schwarzwalds, in Nöggenschwiel, Rosen in Hülle und Fülle im Dorfbild bewundern. Das jüngste Rosendorf ist Steinfurth. Hier locken nicht nur die Schaugärten der großen Rosenschulen, sondern der ganze Ort entfaltet im Sommer eine Rosenblütenpracht vom Feinsten. Für das erste deutsche Rosenmuseum kann man sich wohl keinen geeigneteren Standort vorstellen.
Der französische Rosenverein hat diese blendende Idee ebenfalls aufgegriffen. Es wurden Dörfer ausgewählt, die eine besondere historische oder landschaftliche Qualität besitzen und deren touristische Attraktion durch üppigen Rosenschmuck noch erhöht werden sollte. Dazu gehören Bellegarde-sur-Loiret bei Orléans, Saint-Sorlin-en-Bugey östlich Lyon und Saint-Victor-sur-Loire bei St. Etienne.

*Danksagung*

Autorin und Fotograf bedanken sich für die Unterstützung bei:

Familie Adriaanse – de Kro, Middelburg, Niederlande S. 96/97
Barnsley House, Barnsley, England S. 117 Mitte, S. 150/151
Madeleine Bennekom, Domburg, Niederlande S. 208, S. 209
Maria Berges, Elsten, Deutschland S. 13, S. 14/15, S. 15 oben, S. 172, S. 182, S. 183
Blumen Hammer-Schmitz, Düsseldorf, Deutschland S. 106
Trix Boterman, Schoorl, Niederlande S. 133 oben li., S. 168
Otto Bünemann, Herdecke, Deutschland
Familie Cattemeet, Zieriksee, Niederlande S. 266
De Hagenhof, Angeren, Niederlande S. 72 oben, S. 177
De Rhulenhof, Ottersum, Niederlande S. 95, S. 200, S. 239
De Rozenhof, Oostvoorne, Niederlande, S. 176
De Tintelhof, Veere, Niederlande S. 29, S. 104/105, S. 174/175
Familie de Wit Hamer, Schoorl, Niederlande S. 199 unten
Helga Dünow, Ratingen, Deutschland S. 111, S. 204/205
Gärtnerei Overhagen, Velp, Niederlande S. 222
Familie Geluk Schuddebeurs, Niederlande S. 162/163
Familie Gilles, Angermund, Deutschland S. 210
Familie Ghyczy, Beesel, Niederlande S. 198/199
Ineke Greve, Heerlen, Niederlande S. 217
Haus Der Schönen Dinge, Hilden, Deutschland S. 12, S. 107, S. 232
Familie Heller-Janton, Mielkendorf, Deutschland S. 201
Familie Herling, Dortmund, Deutschland S. 147 oben Mi., S. 199 oben
Familie Hoffmann, Dortmund, Deutschland S. 153
Huis Binderden, Angerlo, Niederlande S. 170/171, S. 186/187
Ingwer Jensen, Glücksburg, Deutschland S. 267
Atie Jonker, Sybekarspel, Niederlande S. 93 oben
Kasteel Baarland, Baarland, Niederlande S. 54
Kasteel Wijlre, Wijlre, Niederlande S. 136 oben re.
Kleingarten der Bundesgartenschau Recklinghausen, Deutschland S. 191
Familie Langedijk, Bergen, Niederlande S. 255
Familie Meijer, Axel, Niederlande S. 242
Familie Menken, Kloetinge, Niederlande S. 30 unten
Claude Monet Museum, Giverny, Frankreich S. 62/63
Mottisfont Abbey, Romsey, England S. 38/39, S. 92/93, S. 108/109, S. 194/195, S. 197, S. 218/219
Familie Pfordte, Cappenberg, Deutschland S. 93 unten, S. 259, S. 262
Poley, Nisse, Niederlande S. 173, S. 261
Gudrun Rix, Steinfurt, Deutschland
Rosengarten Bagatelle, Paris, Frankreich S. 18/19, S. 23, S. 202/203, S. 203 oben
Rosengarten L'Hay les Roses bei Paris, Frankreich S. 203 unten, S. 206
Rosarium im Westfalenpark, Dortmund, Deutschland S. 26 unten, S. 50/51, S. 84/85, S. 137 oben re., S. 204 oben, S. 270/271
Jannecke Roeloffs, Nieuwer Ter AA, Niederlande S. 178, S. 179, S. 234/235
Amy Roos, Edam, Niederlande S. 46/47, S. 98/99
Doris Schlaback–Becker, Styling, Hilden, Deutschland S. 12, S. 107, S. 229, S. 230/231, S. 232, S. 233
Schloß Kalbeck, Weeze, Deutschland S. 17, S. 20
Familie Schmid, Kloetinge, Niederlande S. 188
Tintinhull, Yeovil, England S. 49 oben, S. 118 li., S. 269
Adie van den Berg, Ab's Heer Abtskerke Niederlande S. 139 oben li.
Familie van Steeg, De Heurne, Niederlande S. 56/57, S. 248, S. 249
Familie Voirol, Basel, Schweiz S. 185
Zeeuwse Rozentuin, Kats, Niederlande
Familie Zwaan, Wemeldinge, Niederlande S. 104 oben, S. 241
Familie Waterman, Middelburg, Niederlande S. 140 oben re.

*Quellen*


l'Aigle, Alma de: Begegnung mit Rosen, Hamburg 1957
Austin, David: Alte Rosen und Englische Rosen, Köln 1993
Austin, David: Strauchrosen und Kletterrosen, Köln 1996
Baer, Winfried u. Walter Lack: Pflanzen auf Porzellan, Berlin 1979
Beales, Peter: Visions of Roses, Boston-New York-Toronto-London 1996
Beuchert, Marianne: Symbolik der Pflanzen, Frankfurt 1996
Bray, Lys de: The art of botanical Illustration, Bromley 1989
Großer Brockhaus von 1933
Bryner, Hans: Das Rosenmotiv in Gottfried Benns Lyrik, New York 1985
Conversationslexikon, Brockhaus, Leipzig 1827
Deutsches Wörterbuch von Jacob und Wilhelm Grimm
Fuchs, Henry: Die Rose, Hannover 1979
Glasau, Fritz: So hat man mehr Freude an Rosen, Hamburg 1981
Grigson, Geoffrey: Aphrodite Göttin der Liebe, Bergisch-Gladbach 1976
Grimm, Jacob: Alte Rosen und Wildrosen, Stuttgart 1990
Gruber, Alain: Textilien mit naturalistischen Blumenmotiven vom späten Mittelalter bis zum 19. Jahrhundert, Rigisberg 1986
Handbuch des Aberglaubens
Hanisch, Karl-Heinz: Rosen, Stuttgart 1973
Harkness, Peter: Moderne Gartenrosen, Münster 1989
Heine, Heinrich: Sämtliche Werke, Stuttgart o. J.
Heuwinkel, Christiane: Kunststücke – Blumenstücke, Katalog einer Ausstellung der Kunsthalle Bielefeld, Bielefeld 1995
Hobhouse, Penelope: Plants in Garden History, London 1992
Kordes, Wilhelm: Das Rosenbuch, Hannover 1971
Kordes: 100 Jahre W. Kordes' Söhne, Festschrift zum Jubiläum der Firma, Pinneberg 1987
Krüssmann, Gerd: Rosen, Rosen, Rosen, Hamburg 1986
Lexikon der Götter und Dämonen, Stuttgart 1984
Macoboy, Stirling: The World of Roses, London 1994
Macself, A. J.: The Rose Grower's Treasury, London 1934
Meyer's Konversationslexikon von 1929
Nissen, Gerda: Alte Rosen, Heide 1987
Paterson, Allen: The History of the Rose, Hearn 1983
Pickles, Sheila: The Language of Flowers, London 1990
Ridge, Antonia: Die Rosenfamilien, München 1990
Sala, Orietta: Das große Buch der 1000 Rosen, Gütersloh 1992
Scarman, John: Gardening with Old Roses, London 1996
Schleiden: Die Rose, Geschichten und Symbolik, Altonaer Museum Hamburg 1873
Schleiden, Matthias J.: Die Rose, Öhningen 1976
Schultheis, Heinrich: Rosen, Stuttgart 1996
Scott-James, Anne: The British Museum Book of Flowers, London 1989
Sommer, Mohr: Die Rose, Entfaltung eines Symbols, München 1988
Thomas, Graham Stuart: The Graham Stuart Thomas Rose Book, London 1994
Tergit, Gabriele: Kaiserkron und Päonien rot, Köln 1958
Wander, Karl Friedrich Wilhelm: Deutsches Sprichwörter-Lexikon, Essen 1987
Wörterbuch der Symbolik
Woldbeye, Vibeke u. a.: Flowers into art. Floral Motifs in European Painting and Decorative Arts. The Hague 1991
Zedler: Großes vollständiges Universallexikon aller Wissenschaften und Künste, 1742
Ziller, Alfred: Porzellan. Die schönsten Motive und Dekore aus berühmten Manufakturen, München 1993

# *Pflanzen-register*

# Personen- und Sachregister

Ein Garten bietet viele Überraschungen. Den trockenen Duft von Rosmarin in der Nase (oder) die Krokus-Wiese für die Augen … Der wundervolle Bildband hat Ideen für viele kleine Ecken, in denen Sie Ihren Traum vom Gartenglück umsetzen können. Dazu gibt es Rezepte und Deko-Vorschläge.
*Vital, 1998*

In dem wunderschönen Bild- und Informationsband werden Inspiration und Praxis miteinander verbunden. Gartenfreunde können die Bepflanzung auf den unterschiedlichen Standorten im Detail nachvollziehen und nachahmen.
*Segeberger Zeitung, 1998*

… Andrew Lawson (hat) jetzt als Krönung ein Buch gemacht, in das er seine vielfältigen Talente eingebracht hat …
Die breitgefächerten Pflanzenlisten und die Fotos der Pflanzenkombinationen sind gleichermaßen informativ und präzise … Wenn Sie Pflanzen lieben, brauchen Sie dieses Buch …
*Country Living, 1996*

Der Autor Friedolin Wagner ist selbst leidenschaftlicher Gärtner. Er porträtiert hier dreizehn wundervolle Gärten und vermittelt gleichzeitig eine Fülle praktischer Tips … Die inhaltsreichen Beispiele … zeigen … verschiedenste Möglichkeiten der Gestaltung und Nutzung von Gärten.
*Der Hausbesitzer, 1997*

Wer der Gärtnerei auf dem eigenen Grund, auf der Terrasse oder dem Balkon erst verfallen ist, wird sich immer stärker in Details verlieben … (Der Band) ist eine ansprechende Verbindung von Bild und Text, von Gärtnern und Gerät, von Anregungen und Geschichten.
*Die Welt, 1997*

Der Bauern-, der Obst-, der Gourmet-, der Blumen-, der Kräuter- und der naturnahe Garten, der Topf- und der Rosengarten (werden) vorgestellt. Außergewöhnlich schöne Gärten, außergewöhnlich verführerische Rezepte und brillante Fotos in übersichtlicher Anordnung …
*Das Gartenjahr, 1996*

*Impressum*

Die Deutsche Bibliothek – CIP-Einheitsaufnahme

Die **schönsten Rosen**/Jürgen Becker/Anke Kuhbier. – Hamburg: Ellert und Richter. 1998
ISBN 3-89234-584-8



Text und Bildlegenden: Anke Kuhbier, Hamburg
Fachliche Beratung: Otto Bünemann, Herdecke
Lektorat: Anne Voggenreiter/Simone Walper, Hamburg
Bildredaktion: Kathrin I. Müller, Hamburg
Gestaltung: Hartmut Brückner, Bremen
Lithographie: Offset-Repro im Centrum, Hamburg
Satz: KCS GmbH, Buchholz/Hamburg
Druck: C.H. Wäser Offset GmbH, Bad Segeberg
Bindung: S. R. Büge, Celle

*Bildnachweis*

Fotos: Jürgen Becker, Hilden
außer:
Archiv Anke Kuhbier, Hamburg: S. 8, 24 li. + re., 25, 34, 41, 45, 48, 64, 76, 83, 156, 160, 216, 223
Archiv Ellert & Richter, Hamburg: S. 53, 61, 71, 74, 87, 110, 152, 226
Artothek, Peissenberg: S. 60 (Constantin Beyer), mit freundlicher Genehmigung der Wartburgstiftung in Eisenach, 68 (Joachim Blauel)
Bildarchiv Preußischer Kulturbesitz, Berlin: S. 6/7, 9, 18, 55, 65, 69, 70, 75, 80, 86, 214
Ursel Borstell, Essen: S. 215
Marion Nickig, Essen: S. 224/225
Friedrich Strauß, Au-Hallertau: S. 196

Zeichnungen: Regina Isterling, Hamburg: S. 237, 244, 251, 252, 253, 254, 257, 258 o. + u.

Gedicht: S. 83 aus: Rudolf Borchardt. Vivian. Briefe Gedichte Entwürfe 1901–1920. Marbacher Schriften Band 25, Marbach am Neckar 1985. Abdruck des Gedichtes mit freundlicher Genehmigung des Verlages Klett-Cotta, Stuttgart